天下文化
BELIEVE IN READING

財經企管　518A

# 對手偷不走的優勢

## 冠軍團隊從未公開的常勝祕訣

The Advantage：

WHY ORGANIZATIONAL HEALTH TRUMPS EVERYTHING ELSE IN BUSINESS

藍奇歐尼　Patrick Lencioni＿著

廖建容＿譯

推薦序

# 從平凡到不平凡

黃男州

組織的目的與最大的挑戰，在於使平凡的人成就不平凡的事。如何打造冠軍團隊，讓大家共同達成組織目標的同時，也能夠實現自我？如何讓「我們」比「我」更成功，持續發揮一加一大於二的成效？

藍奇歐尼曾被《財星》雜誌選為「不可不知的管理大師」，在新書《對手偷不走的優勢》中探討這些問題，認為現今的組織雖然大多數擁有足以成功的智能、專長與知識，但卻不一定真正能夠成功，關鍵就在於缺少健康的體質。他強調，健康的體質才是組織最強大的競爭優勢，也是最容易被忽略的競爭優勢。

藍奇歐尼認為打造體質健康的組織前，首先要克服三大迷思，分別為「經驗迷思」、「不顧一切向前衝的迷思」及「量化迷思」。舉玉山為例，我們用創新力、執行力和整合力來克服三大迷思：首先是透過創新力積極自我挑戰，破除經驗及成功所帶來的贏家詛咒（Winner's Curse）；其次是運用執行力精準達成目標，做對的事永遠比把事情做對更重要；最後是發揮整合力，聚焦質量並重，致力成為綜合績效最好，也最被尊敬的企業。

想要擁有健康的體質，藍奇歐尼提出了四大金律，依序是「建立團結的領導團隊」、「創造組織透明度」、「充分溝通」及「強化核心觀念」。其中，團結的領導團隊是必須先建立的，也是最為關鍵的。這樣的管理模式與玉山堅持的經營理念相同，我們認為惟有志同道合的夥伴，才能共同實現志氣和理想；惟有相知相惜的團隊，才能彩繪未來和夢想。

「團隊」與「工作小組」不同，藍奇歐尼強調，真正的團隊比較像是一個籃球隊，所有成員一同下場互動互補，爭取團隊的勝利。玉山的團隊合作典範是交響樂團，雖然每一種樂器各有擅場，弦樂情感豐富、銅管振奮激昂、木管清澈悠揚、打擊樂器振奮人心，但是每位成員除了盡力做好自己的工作，演奏出悅耳動人的旋律，同時也必須與團隊共同合作，才能夠演奏出雋永的精采樂章。

真正的成長之旅，不在於發現新的風景，而在於擁有新的眼光；擁有健康的企業體質不在於發現最先進的祕訣，而在於重拾最根本的價值觀。當管理、營運、策略與文化完全契合且合乎情理，同仁皆認同且實踐誠信、正直、清新、專業、責任、榮譽等傳世價值時，自然就會擁有健康的體質，為企業帶來強大的競爭優勢。

**一群平凡的人，透過有系統、有目的、有組織地建立體質優勢，將有機會超越目標、成就不平凡的事業。**

（作者為玉山金控暨銀行總經理）

推薦序

# 調整體質，才能不斷跨越成長門檻

許欽堯

十多年前，在英國格拉斯哥大學攻讀企管碩士時，我總是希望學校能多補充策略學、市場策略等領域的課程，因為我認為這些課程對我往後經營事業應該大有用處。當時我還未真正體悟、感受到組織行為與案例研究對公司發展與戰略的重要。

過去八年來，橙的電子高速成長，卻也一路跌跌撞撞。自二〇〇五年起，美國、歐盟、韓國與台灣政府基於安全與油耗問題，相繼宣布所有新車需強制配備無線胎壓監測系統（TPMS），胎壓監測系統市場開始不斷擴增，市場競爭也跟著白熱化。在公司組織與人員擴編的同時，也是內部溝通問題的開始，而這往往是嚴重影響公司成長的核心問題。

組織行為的深入研究，可以讓一家公司從擁有機會到全面勝利，而這治軍帶兵的常勝祕訣，就在這本書裡。作者藍奇歐尼以他多年的實務經驗，完整歸納出管理的四大金律。讀完這本書後，我和我的團隊都有非常深刻的感觸與體會，以往我們引以為豪的MBA課程，在讀了本書之後，才算真正領悟。也因為這本書，讓我有機會重新思考，什麼才是真正的經營管理要訣。

幾年前，公司開始成長，我們心中謹記用人不疑，疑人不用，卻未能真正了解團隊行為已經開始偏差，以致人員外流，影響了成長。再加上因業績成長，組織人員大量擴編，虎視眈眈的競爭對手卻也開始進行人才挖角與分化，讓我們在美國的子公司幾乎瓦解。

所幸，我們快速重整團隊心態與目標，嚴格控制核心團隊的人數與品質，提升討論與決策的效率。此外，重新定義組織架構、確認公司核心技術與組織管理，讓專業經理人能獲得授權，團隊成員之間彼此鼓勵，願意犧牲、提供協助以換取團隊目標的達成。我們也改變了新創事業的心態，讓公司組織、文化與管理朝向中、大型化改變。

為了讓團隊相信我的決心與承諾，十幾年的菸癮，我竟能在一夜之間完全戒除，至今已超過三年。戒菸不是什麼了不起的事，但做給自己看的信念，卻是引導團隊信服的第一件事。

有效正確的傳達訊息與決策，是我們另一個重要觀念，絕對不可讓部屬猜測。對於公司重要訊息有清楚了解，加上充分的內部溝通，成為我們在美國再度爬起來的重要因素之一。我們也將公司交給前四大會計師事務所做財會簽證，並準備公開發行，讓團隊知曉公司已為專業經理人的長期生涯做了完整規劃，並清楚勾勒出未來公司營運的目標藍圖。

協助蒙古軍東征西討的蒙古馬，非你我想像的高俊勇猛，而是像驢一樣大小的小馬。但蒙古軍卻能善用蒙古馬的耐久力，配合團隊的紀律與授權，有效、清楚、正確的傳達訊息命令，讓當時沒有無線電通訊設備的蒙古軍卻能充分溝通，進而征服各大戰役，成為冠軍團隊組織戰的最佳表率。

其實蒙古軍與台灣中小企業一樣，都是小眾民族，缺乏天然資源與環境，唯一能夠讓中小企業成為冠軍團隊的真正祕訣，就在於用心學習組織行為。讓組織的優良體質變成最佳的競爭優勢，台灣還是有很多機會走出去。

這本書的內容，確實說出了中小企業在成長過程中必定會遇到的問題。很多中小企業都是以創業形態開始，當公司成長時，創業者不一定能夠隨著環境轉變為中大型企業的專業經理人制度，這也是很多中小企業，甚至已上市櫃，營收都還停留在十億元左右，很難突破二十億的主因之一。

**我從這本書得到了一些深刻的啟發，希望橙的電子將來能夠順利超越一個又一個的成長門檻。**

（作者為橙的電子總經理）

推薦序

# 習慣對了，就能轉型

童至祥

最近因為有機會參與了AAMA台北搖籃計劃，與台灣一些新創（start-up）創業家分享我在管理上的經驗。從我和創業家們互動的過程中，我發覺這些創業家都非常有想法，不欠缺所屬領域的專長與智能，並且勇於嘗試。然而，對許多新創公司而言，創業初期，往往能憑藉一時的優勢，在市場上迅速獲得成績，但時間久了，則需健康的企業體質，才能持續成長並生存。

這本書談的並不是深奧的管理理論，而是對企業非常基本的管理技能。作者強調企業應該多花心思及時間，打造一個健康的組織體質，從建立團結互信的團隊，釐清對組織最重要的當前問題，持續和團隊溝通關鍵重點，到強化企業的核心觀念等，透過四大管理金律，讓組織的體質更加健康，團隊裡的每個人自然而然會樂於把工作做好，也就會變得愈來愈聰明。

回顧個人在職場上多年的經驗，書中談到許多管理心得，都讓我心有戚戚焉。五年前，我離開任職二十八年的外商科技公司IBM，到特力集團這個本土的貿易零售產業。許多人訝異於我轉換到一個截然不同的領域，然而，對我來說，產業固然不同，企業的經營管理思維卻是大同小異。

特力集團三十幾年前由專營手工具出口的小型貿易公司起家，後來跨入居家生活的零售市場，迄今已於兩岸開設逾一百五十家零售店面，全球更擁有超過六千名員工，並成為台灣最大的貿易公司及家居零售商。過去公司規模還小，很多事老闆一聲令下就去做了，若結果好，是理所當然，若結果不好，責任就推給老闆。

然而，當公司規模大到一定程度，勢必需要一套透明公平的管理制度，去推動組織改革、重新擬定發展策略，並激發員工的工作績效，而我也是在此背景下加入特力集團。

過去幾年我所做的，是和領導團隊一起為集團導入一個高績效、顧客導向，且具誠信、當責、謙和的企業文化，並不斷地透過各種形式的溝通，強調組織變革的決心，逐步帶領企業轉型。這一切作為，不外乎是書上所說的，強化公司的營運體質，希望創造一個健康的職場環境，讓企業得以永續經營。

現今世界變化如此快速，面對全球化及未來經濟的不確定性，企業已無法單靠領先的技術或是卓越的領導者來維持長久的競爭優勢。書中介紹的四大管理金律，甚至後面章節提到的四種高效會議，都非常實用，不僅適用於新創公司，更適用於發展成熟的企業。身為領導者亦可用這些管理方法，隨時檢視所屬組織的競爭力。

**面對商業環境的急遽變化與嚴峻挑戰，企業唯有建立一個正確的核心習慣，由領導階層帶領團隊成員互相學習、共同成長，才能快速因應改變。**期許大家都能將此書的管理準則活用於組織運作，藉由打造健康的體質，讓團隊擁有高昂的鬥志及高績效的生產力，以實現基業長青。

（作者為特力集團執行長）

推薦序

# 建立團隊的方向與共識

戴勝益

有位朋友不解地問我：「為什麼你能每天走一萬步，十年都沒有間斷過？」亦有人提到：「是什麼原因，讓貴公司的同仁，有堅強信念和持續毅力，每年登玉山、游日月潭、跑馬拉松，甚至騎單車縱貫台灣？」

以前我都說：「企業文化會感染每一個人，只要你去做，大家就會跟著去做」。後來發現，我的回答雖然正確，但似乎缺少點更有力的「理由」。

這點就是團隊的方向與共識！

**正如本書所述，體質優勢與核心價值是一個團隊成功的祕訣。從書中，可以學習到如何建立體質健康的團隊，有了這種優勢，團隊必能所向無敵！**

（作者為王品集團董事長）

推薦序

# 一本值得團隊共讀的書

林之晨

在形容企業時，我們常常用人體去做比喻。那當然不是一個完美的模型，畢竟人體細胞並沒有太多獨立意志，器官也不會由某單一細胞帶頭，更不會有跳槽、挖角等行為。但這些不完美除外，用人體比喻企業有一個很大的好處，那就是讀者可以很容易的理解。

所以姑且沿用這個比喻，如果企業是人的話，他的大腦，也就是領導者，必須要有好的觀念、得到好的知識，才能做出好的決策。但光有好的決策是不夠的，如果一個人缺乏健康的體魄，那麼將無法確實執行大腦給出的指令，當然，企業也是一樣的。

所以，組織的健康對企業而言非常重要，但市面上的管理書籍卻幾乎都專注在給大腦的觀念與知識上，反而很少有作者花時間探討一個組織該如何維持有效的運作。以《團隊領導的五大障礙》等暢銷書著名的藍奇歐尼，顯然看到了這個缺憾，決定把他長年輔導企業改善組織健康的心得歸納整理，寫成這本書。

這是藍奇歐尼第一次挑戰非「寓言」的寫作方式，但內容仍舊是從頭到尾一氣呵成，節奏順暢明快，文字也非常容易理解與吸收。我特別喜歡藍奇歐尼貫串書中的務實精神，從建立團結的領導團隊、釐清核心問題、充分溝通，一直到強化核心觀念，藍奇歐尼沒有打任何高射砲，只有扎扎實實、一組又一組的提出實用的企業健康管理工具——這些顯然是他多年實戰經驗得出來的精華。

**正在設法突破企業執行力困境的領導人，這本書提出的良藥應該能幫助你推動改變。**組織仍舊青春勇壯者，藍奇歐尼提出的這些工具也值得你用來未雨綢繆、精益求精，繼續鞏固長期的競爭優勢。畢竟健康就像好友一樣，得來不易，別到了失去才要珍惜。

（作者為AppWorks之初創投創辦人）

獻給我的父親理查・藍奇歐尼（Richard Lencioni）（1936-2008），
他給了我寶貴的一切。

# 目錄

前言

# 改變團隊行為的魔法

這本書源於我兒時的經歷，當時我大約八、九歲。我的父親是個能力極佳的業務員，但我記得他時常帶著很深的挫敗感回家。他會皺著眉向家人抱怨公司的管理方式，年幼的我當然不懂什麼是管理，但我總覺得很困惑，每天那麼努力工作的老爸，為何回到家總像個打敗仗的人？

幾年後，我開始工作。高中時在餐廳打工，大學時到銀行兼差擔任辦事員，這些工作經驗讓我初次見識到管理是什麼。當時我不懂管理細節，但很清楚，這些在組織裡發生的事情，有些有道理，有些真的很不合理。而這一切都會影響我和我的同事，當然還有我們的顧客。

大學畢業後，我到一家管理顧問公司工作。當時我心想，終於可以搞清楚管理是什麼了。然而，事與願違，我整天都在搜集資料、輸入資料、分析資料，做和資料有關的各種工作。

說句公道話，這家公司教了我很多關於策略、財務和行銷的知識。但對於組織是什麼、整體組織該如何運作，卻鮮少有人提及。但我心中一直有個想法，認為我的客戶面對的最大問題，以及他們取得優勢的最佳契機，其實和他們的策略、財務或行銷能力沒有多大關係，而是和他們管理組織的方式密切相關。

當我向主管建議，應該研究組織管理是怎麼回事時，他們委婉地告訴我，這不是公司的營業項目。我覺得很諷刺，我們不是一家管理顧問公司嗎？

為了解開這個謎，我決定轉換職場。

接下來幾年，我在許多企業工作，我的職務與組織行為、組織發展或是心理學相關。我學到的東西相當有趣，但還不夠務實完整，也太過理論化了。我不禁開始煩惱，因為我總覺得一定存在一個能夠讓大多數人理解並接受的解答。

到底遺漏了什麼？

於是，我和幾個同事決定自行創業。我開始以改善組織的務實方法為主題，對客戶進行輔導與演講。客戶很快就接受我們提出的方法，而且接受度非常高，我必須坦承，我們事前並沒想到他們這麼快就接受了。這也表示，他們確實需要這些方法。

沒過多久，我就非常確定許多人都曾有過老爸當年經歷的痛苦。

**不管是在什麼組織或哪個職位，幾乎每個職場人士都非常渴望找到更好的管理方法，在更健康的環境下工作。**

因此，我開始寫書，針對組織管理的各種障礙：團隊合作、開會、上下步調一致、員工投入等，以務實的方法一一破解。同時，我整合這些主題，為客戶進行輔導。

結果，讀者反應熱烈，對於落實書中觀念的整合性方法，也躍躍欲試。他們的熱情再度遠超出我們的預期。所以，我相信，我們已經找到那個遺漏的部分，也就是能讓組織成功，同時讓個人實現自我的絕對優勢。

讀者與客戶的熱烈回應促使我決定，有朝一日要把這些觀念精華與管理實務的精髓，寫成一本書。我知道，現在時機到了。

本書和我先前的作品不同，它是全面且完整的實用指南，而不是商業寓言故事。我在書中貫穿了許多真實案例，讓讀者既有閱讀故事的趣味，也更可精準說明我的觀點。

書中有些概念，在我之前出版的商業寓言小說中曾提過，如《團隊領導的五大障礙》、《總裁的迷惑》、《化敵為友的領導藝術》、《開會開到死》等，但這些書都是用虛構的人物和故事情節去鋪陳，不免少了一些真實感。

我不是一個進行量化研究的學者，所以書中結論，並不是依據大量統計資料得出，而是我從事顧問工作二十多年來的實務觀察。不過，就像管理大師柯林斯（Jim Collins）告訴我的，只要客戶與讀者證實有效，質化研究和量化研究同樣可靠。因此，我敢說，我與多位企業高階主管的合作經驗，已經證實本書提出的原則簡潔易懂，而且有效可靠。

希望你喜歡這本書。更重要的是，能夠靈活運用書中的觀念去改造你的組織，改變團隊運作與成員溝通的習慣，不論它是一家企業、一個部門、剛創立的小公司、一所學校或是教會。我期盼將來有一天，本書提出的簡單原則可成為大家普遍應用的做法。到那個時候，不論是業務員、餐廳服務生、銀行辦事員、經理人、企業執行長，以及在任何組織內工作的每個人，都能更成功，在達成組織目標的同時，也能夠實現自我。

第一部

# 改變舊習就能徹底轉型

## 催生一系列改變的源頭

I

# 調整體質，就有機會

組織最大的敵人，往往不是在市場上，而是在組織內。

確保組織擁有健康的體質，就是企業最強大的競爭優勢，也是對手偷不走的優勢。這個道理顯而易見，卻被大多數企業主管給忽略了。

過去二十幾年來，我一直在研究組織行為，因此非常肯定這是真理。但為什麼那麼多聰明人會忽視這個深具影響力的關鍵要素？更不可思議的是，打造健康的體質，其實是每個組織都做得到的。

我在二〇一〇年的一場會議，找到了答案。

那天，我參加一個企業客戶的內部領導力會議。那家公司是我接觸過體質最健康的組織之一，也是過去五十年來全美最成功的企業之一。它所屬的產業正面臨各種挑戰，包括財務困境、憤怒的顧客，還有員工抗爭。

但這家公司卻能持續成長，而且屢創佳績，顧客忠誠度更是令人稱羨。不僅如此，員工熱愛他們的工作、顧客，上司與下屬之間的關係也很融洽。相較於同業的窘境，這家公司的傑出表現真的不可思議。

當天會議簡報，每一場都令人讚嘆，我忍不住低聲問坐在我旁邊的執行長：「你們的競爭對手為什麼不想辦法學學你們呢？」

那位執行長停頓了一會兒，有點遺憾的低聲說，「我想他們一定認為打造健康體質這種事太簡單了，不如和對手拚戰重要，根本不值得他們費心去做。」

打造體質健康的組織（我稍後會為這個概念下定義），好處不言而喻，但許多企業主管卻直覺的認為，他們太清楚公司狀況了，更何況每天有那麼多事要忙、許多仗要打，已經分身乏術。換句話說，他們並不覺得內部先安頓好，能有多大作用。

就某方面來說，這也怪不得他們。多年來，企業界流行在外地會議中安排體能訓練、信任練習，但到後來，就連觀念最開放的高階主管，也不得不開始質疑這些訴諸情感面的空洞做法。也有不少公司把打造企業文化，當成添購造型奇特的辦公家具、為員工開辦瑜伽課程、帶寵物上班這類的表面功夫。難怪許多企業主管會對大多數與組織發展相關的活動，抱持懷疑，甚至不屑的態度。

其實，追求體質健康的組織，並不是要你用太情感化的訴求去做出改變，它比組織文化更強大、更重要。它不是配角，而是主角。

## 創造優勢，掌握三要點

體質優勢是最被低估的競爭優勢。組織的健康，是組織內其他功能，包括策略、財務、行銷、科技的基礎，也是組織能否成功的決定性因素。它指的不只是人才，因為有人才，未必就能打造贏的團隊，也不只是累積更多的知識或創新。

在學習如何打造體質健康的組織前，先正視並克服經理人常見的三大迷思：經驗迷思、向前衝迷思，以及量化迷思。

## 能創造優勢的，不只是知識與經驗

建立一個健康的組織，這個觀念淺顯易懂，以致許多領導者很少把它當作取得競爭優勢的真正機會。其實要打造健康的組織，需要的不是高深智慧或老練經驗，而是運用紀律、勇氣、堅持與常識，建立正確的核心習慣。

但在這個時代，人們普遍相信，唯有複雜高深的知識，才能讓組織異軍突起並突飛猛進。然而，事實並非如此。

## 慢一點，其實比較快

許多主管長期以來對熱血沸騰的感覺上了癮，他們已習慣每天向前衝，到處去救火，反而害怕放慢步調去處理至關重要的棘手問題。

賽車界有句格言：要加速前進，必先放慢速度。這個觀念看似簡單，但許多主管卻做不到，結果造成組織營運出現許多嚴重阻礙。

## 影響巨大的，不一定能量化

打造一個體質健康的組織，所能產生的效益，其實很難精確量化。體質健康的效應遍及整家企業，要透過單一變數來精準衡量它的經濟效益，幾乎不可能。

但這並不表示它的影響力不存在、不具體，或是不巨大；它需要人們以直覺相信它的效用，但許多分析導向型的主管卻難以做到。

當然，就算領導者能夠虛心克服上述迷思，仍然有其他因素可能阻礙他們追求組織的健康，而這些因素正是我寫這本書的動力。因為從來沒有人將健康組織的行為習慣整理成簡明、全面且實用的原則。

**從我過去的實務經驗，我確信當大家真正了解健康組織的概念與正確的團隊運作方式，這套新能力將會超越所有的商業準則，為企業與組織帶來前所未有的契機，創造改變與優勢。**

那麼，到底怎樣才算是體質健康的組織呢？

## 具備一再成功的條件

一個健康的組織，本質上必須是正直的，但這裡的正直並不局限於一般世俗在倫理或道德方面的規範。當一個組織運作健全、價值觀一致且功能完整時，也就是當管理、營運、策略與文化完全契合且合乎情理時，這個組織就是正直的，也是健康的。

具體來說，任何想要追求成功的企業或組織，必須具備兩個基本條件：一是聰明（smart），另一是健康（healthy）。

## 除了聰明，更要健康

聰明的企業或組織，熟知所有的商業基本原則，包括策略、行銷、財務、科技等領域。我把這些視為做決策時所需的技術能力。

我剛進職場時，曾在貝恩策略顧問公司（Bain & Company）工作。我們進行各種研究與分析，幫助客戶在上述領域做出更聰明、更好的決策。任何商界人士大概都會告訴你，這些基本要件對企業或組織的成功至關重要。

然而，「聰明」只是成功方程式的部分配方。但不知為何，長久以來卻耗費企業主管大多數的時間、精神與注意力。在成功的方程式上，其實還有一個關鍵條件是「健康」，這部分常被大家忽略。

**要判斷一個企業或組織的體質是否健康，可從一些跡象得到線索，包括沒有政治角力、做事與賞罰規則絕對不會混亂不清、有高昂的工作士氣與令業界稱羨的生產力，以及優秀員工的離職率低。**

每當我列出這張表給企業主管時，他們要不是帶點緊張或罪惡感的笑一笑，就是大大的嘆一口氣。不論是哪一種反應，他們基本上都認同體質健康的重要，他們也認為，公司體質不健康，會直接影響公司的整體表現，一旦具備這些健康條件，一定可以讓公司改頭換面。

但這些主管回到公司後，就會趕緊做出調整，把大部分的時間、精神與注意力放在追求健康組織的議題上嗎？

我的經驗告訴我，即便是改革意願最強烈的主管，在回到工作崗位後，很快

圖1 | **兩大成功要素，缺一不可**

| 聰明的組織 | 健康的組織 |
|---|---|
| • 策略 | • 沒有政治角力 |
| • 行銷 | • 不會混亂不清 |
| • 財務 | • 工作士氣高昂 |
| • 科技 | • 高生產力 |
| | • 低離職率 |

就又回到原來的思考模式，也就是繼續努力讓決策「更聰明」，他們花時間並絞盡腦汁在行銷、策略、財務等方面做出改善，儘管成效非常有限。

這些聰明人為什麼要做這些荒謬的事呢？

## 這裡比較亮

我小時候看過的電視喜劇「我愛露西」裡有一幕對白，或許可以解釋這個奇怪現象。

有一天，露西的丈夫瑞奇下班回家，發現露西正趴在客廳地板上找東西。他問露西在找什麼？

「我在找我的耳環。」

「你把耳環掉在客廳了嗎？」

露西搖搖頭。「耳環掉在臥室，但這裡比較亮。」

大多數的主管都習慣到「光線比較亮的地方」找答案，因為他們在那裡比較自在。相較於難以量化的組織健康，可客觀衡量又數據導向的腦力世界（展現聰明才智），確實比較「明亮」。

檢視試算表、甘特圖和財務報表，就可以得到結果，因此許多主管一遇到問題，就很習慣去做這些事。一直以來，他們也都是接受這方面的訓練，這樣的世界讓他們感到悠然自得。他們拚了命想躲開涉及主觀意識的對話，因為這些話題往往會變得太情緒化，這會讓他們渾身不自在。打造一個體質健康的組織，對他們來說，似乎會導向既主觀又令人不自在的話題。

正因為如此，許多領導者即便意識到辦公室裡的政治角力與做事規則的混亂不清，會讓員工陷入痛苦，他們仍然選擇在他們熟悉的管理領域投入心力，努力和市場上的對手比拚聰明才智，有時機運正好，他們成功了，但值得注意的是，要靠這些智能領域來為公司創造優勢，或進行改善的機會愈來愈不易取得，而且很快就會消逝，尤其在這個環境變化愈來愈快速的時代。

沒錯。儘管耗費了極大心力，他們其實很難僅憑這些傳統管理領域——財務、行銷、策略，為企業或組織創造絕對的競爭優勢，雪上加霜的是，這些得來不易的優勢稍縱即逝，難以持續太久。

在這個資訊泛濫、科技進展一日千里的世界，要單靠智能或知識維持競爭優勢，已經成為史上最艱巨的挑戰。在現今世界，資訊流通的速度快得驚人，許多企業（甚至是產業）的存在有如曇花一現。這是十年前的我們無法想像的。

## 成功與平庸的關鍵差異

擁有聰明才智，只是進場比賽的基本條件，但單靠它還不足以讓企業取得有意義且持久的競爭優勢，甚至不保證在這方面投入愈多愈久，就一定可以成功。

事實上，對許多企業或組織來說，他們從來不缺過人的智能、所屬領域的專長或是產業知識。二十年來，我輔導過各行各業的客戶，到目前為止，還未遇過這樣的企業領導人，讓我覺得：「哇，這些人根本不懂自己的本業」。

**現今的企業絕大多數都擁有足以讓他們成功的智能、專長和知識，但他們不一定能夠成功，關鍵就在於欠缺健康的企業體質。**

根據這二十多年來與企業領導者和高階管理團隊共事的經驗，我非常確信，成功與平庸（或失敗）企業之間的關鍵差異，不在於知識與智慧，而是和他們的企業體質是否健康有關。

假如你難以接受這個觀念，那麼請聽聽我的觀察心得。前面提到，我到現在還不曾遇過知識、專業或智慧不足的企業主管，但我倒是遇過很多讓我心想：「哦喔，這個團隊和組織的文化太不健康了，他們的成功一定不可能維持太久。」

我一次又一次看到，許多聰明的企業，儘管擁有充足的知識與策略，最後還是失敗了。

我並不是說「聰明」不重要，它確實非常重要，但「體質健康」才是支撐基業長青的關鍵。為什麼呢？

## 存活關鍵：快速復原的能力

**體質健康的企業或組織，會愈來愈聰明。**因為在這樣的環境下，領導人會帶頭，彼此互相學習，一起找出問題，並快速走出失敗，回復戰力。由於沒有政治角力與混亂不清的問題從中作梗，比起體質不健康的對手，他們能夠更快審時度勢，一起找出對策。此外，領導人以身作則創造的氛圍，能發揮上行下效的效應。

**然而，聰明的組織卻不一定能讓內部體質變得更健康**，反而可能聰明反被聰明誤。以自身的專業能力與智慧為傲的領導者，往往看不見自己的缺失，以致無法從同儕身上學習。他們彼此不願開誠布公，以致延誤了從錯誤中站起來的契機，甚至讓政治角力與混亂不清的問題更加惡化。

我並不是說，企業不該想辦法變聰明，只是聰明不能保證為企業帶來健康。

家庭的圓滿之道也是如此。在健康的家庭，父母一方面規範子女的行為，另一方面又給予慈愛的親情，花時間陪伴他們，即便不是非常富裕，也沒有擁有太多資源，這樣的家庭只會愈來愈健全，家人間的情感也會愈來愈融洽。相反的，在不健康的家庭，孩子得不到適當的管教與無條件的愛，這樣的家庭會不斷遭遇挑戰，即便家境富裕，可請來家教和教練，並購買最新的科技產品，也無法換來溫暖的親情與和諧的關係。

儘管知識或資源有用，但並非成長與成功的關鍵。真正的關鍵在於環境是否健康。如果你必須對兩個孩子的未來下賭注，其中一個孩子在一個穩定的家庭被慈愛的父母養育成人，另一個孩子是在關係不佳的家庭被態度冷淡的父母帶大，即使後者擁有充沛的資源，你也一定會選擇前者。企業或組織也是如此。

## 為什麼聰明人反而犯下致命錯誤

再舉另一個實證。身為企業顧問，我曾與許多表現優異、體質健康的企業合作。這些企業的領導者往往不是名校畢業，他們也自認，他們的聰明才智只比一般人略高一些而已。當這些企業領導者做出明智的決策，勝過競爭對手時，媒體與產業分析師常誤將他們的成功歸因於過人的才智。但事實上，這些企業勝出的關鍵，並不是比競爭對手更聰明，而是他們更懂得如何不讓個人意識與內部的政治角力成為阻礙，因此可以適時發揮才智。

另一方面，我也看過不少公司的主管，他們以優異的成績從頂尖學校畢業，他們的聰明才智遠超過其他人，同時擁有傑出的經歷和產業知識，但卻未能善用這些資源而失敗。因為政治角力、內部行動缺乏協調或決策反覆，導致他們下錯判斷，做出事後看起來顯而易見的錯誤策略。

媒體和產業分析師總是不解，這些主管「怎麼會這麼愚蠢」。他們以為就是不夠聰明才會導致決策錯誤。他們沒有看清，真正的不足，其實是企業體質不夠健康，這才是讓聰明人做出蠢決策的真正原因。

因此，你可以把組織的健康當成增長智能的乘數。組織愈健康，就愈能善用自身擁有的知識與經驗。一般組織只運用了一部分他們擁有的資源，而體質健康的組織卻可以將這些資源發揮得淋漓盡致。這就是他們比體質不健康的對手，更具競爭優勢的原因。

另外一個必須解答的問題是：為什麼沒有太多的學者與媒體工作者認同這個觀念？

## 最被低估的優勢

首先，這個主題不夠吸引人。報導一家規模不大的企業領導者，如何以良好紀律來管理公司，畢竟難以引人注目。他們比較想報導的是，一個具破壞性創新的年輕創業家如何以劃時代的科技或革命性服務，顛覆傳統，在這個世界嶄露頭角。

媒體這麼做是可以理解的，他們希望雜誌熱賣，吸引更多廣告商上門。但引人注目的故事，不一定就比較值得借鏡或效法。

其次，組織體質健康的具體成效很難量化。前面提過，要精確衡量組織健康對企業利潤的影響有多大，幾乎不可能；組織健康涉及的因素太多，根本無法獨立計算。不過，這不代表組織健康的影響力不存在，只是一般媒體和學者難以用明確、量化的方法來衡量它罷了。

最後，體質健康涵蓋的元素，在大多數人眼中，並不是什麼新發現，而是我們熟知的觀念，包括領導力、團隊合作、組織文化、策略、會議等等，學術界對這些觀念討論已久。問題在於，我們一直將這些觀念當作嚴謹的理論，並分開看待，而不是妥善整合與靈活應用。

媒體與學界，甚至是企業領導者，低估了組織健康的重要，而大家對這個事實都視而不見，這現象讓許多企業與組織付出了非常大的代價。

## 體質不健康的代價

幾乎每個人都曾在體質不健康的企業或組織工作過，**你一定知道每天要面對那些辦公室的政治角力、混亂不清和功能不彰的流程與規定，還有磨人的官僚心態，是多麼痛苦的事。**儘管我們時常苦中作樂，拿這些問題來開玩笑，但不可否認，所有人都為此付出極大代價。

體質不健康會衍生出各種財務成本，如資源與時間的浪費、生產力下降、離職率上升與顧客流失等等。這些問題導致的財務損失，以及為了解決這些問題產生的花費，高得令人咋舌。

這只是冰山一角。假如企業主管之間或團隊成員之間，不願坦誠相對，並把自己的部門或個人的事業發展，看得比整個組織還要重要，對於什麼才是最重要的，總是打迷糊仗，看法不一致，長此下去，不僅他們自己深受其害，所有的員工也會跟著受苦。

除在組織內產生的負面影響外，也會衍生出更大的社會成本。在不健康的企業或組織工作的人，到後來會把工作視為苦役，並把成功視為遙不可及，甚至是自己無力掌控的夢想。這個想法會導致希望幻滅、自尊受損，然後禍及家庭，導致家人的情緒問題，影響可能延續數年之久。

但這些負面效應是可以避免的。

我指出這些事實，只是希望喚醒大家，不要低估放任組織體質不健康可能導致的危害。更重要的是，提醒大家抓住眼前的每個機會。**改變組織內有害舊習，重建健康體質，不僅可創造強大的競爭優勢、提高企業獲利，還可改善員工的工作與生活品質。率先帶頭這麼做的主管，將會發現這是他們做過最有意義、也最有成就感的事。**

接下來，我們來回答本書要討論的主要問題：究竟該怎麼做，企業或組織的體質才能變健康？關鍵就在於管理的四大金律。

第二部

# 冠軍團隊的常勝祕訣

## 四大金律，建立新管理模式

打造健康的企業或組織，就像建立根基穩固的家庭，必須同時做好幾件事，而且是持續進行，才能達到效果。這個過程可簡化為四大金律。

**金律一：建立團結的領導團隊。**企業或組織的管理階層必須在五方面團結一致（第二章會詳述），否則無法打造健康的組織。不論是整個企業、公司部門、小型企業，或是教會、學校，最高領導團隊若功能不彰或分崩離析，勢必變成整個組織的問題。

**金律二：創造組織透明度。**除團結一致外，領導團隊必須對六個關鍵問題的答案達成共識（第三章會詳述），並承諾實踐。在這些根本議題上，領導團隊成員之間不容許有不同調的情況發生。

**金律三：充分溝通。**在領導團隊建立起團結的行為模式、釐清關鍵問題的答案之後，接下來就要努力向員工溝通，多管齊下，不斷以簡明、積極的方式（第四章會詳述），再三傳達核心觀念，再頻繁的宣導都不嫌多。

**金律四：強化核心觀念。**要長期維持健康的體質，主管必須建立一些關鍵制度，以杜絕官僚與惡習（第五章會詳述），盡可能在所有與人有關的工作流程中，強化核心觀念。所有的政策、計畫和活動都要能夠隨時提醒員工：「什麼才是最重要的」。

這個新管理模式的觀念很簡單，也很容易理解。當企業或組織內的領導者團結一致，以幾個關鍵問題的解答為工作核心，然後向全體員工不斷傳達這些訊息，最後以有效的制度來強化這些關鍵解答的執行，就自然而然創造了一個可孕育成功的環境。真的這樣就夠了！

當然，假如領導者在策略、財務或行銷方面犯下無法彌補的愚蠢錯誤，他們仍有可能讓組織走向失敗。不過，在體質健康的組織裡，人員犯下這種致命錯誤的機率，可說微乎其微。一個團結合作的領導團隊不會落入集體思考的陷阱，因為他們會從錯誤中學習，在情況失控前，就會互相提醒有哪些潛在問題。因此，建立團結的領導團隊，是四大金律中必須先建立的。

## 圖2 | 四大管理金律，打造體質優勢

# 2

# 管理金律一：建立團結的領導團隊

敞開心胸建立互信真的很難嗎？團隊合作其實是策略性選擇，而不是因為這是美德。

你想在什麼樣的環境工作？你喜歡你的工作環境嗎？

組織A：團隊成員彼此開誠布公，對組織的重大議題熱烈辯論，在團隊做出明確的決定後，就全力支持，不論自己一開始是否認同這個做法。當團隊成員的行為或表現需要修正時，會隨時提醒對方，並把所有的心力聚焦於組織的共同利益上。

組織B：團隊成員彼此防備、有所隱瞞。在進行激烈爭論時，每個人都有所保留、口是心非地給予承諾。當成員做出不利團隊成效的行為時，不會主動提醒對方。每個人只追求自己的利益，而不是組織的整體目標。

相較於組織B，組織A擁有什麼競爭優勢？為了取得這樣的優勢，你願意投入多少時間和心力？

## 冠軍團隊的隱型優勢

要打造一個健康的組織，擁有體質健康帶來的競爭優勢，領導團隊首先要做到的就是團結合作。不團結一致，他們領導的組織就不可能健康。就像一個家庭一樣，父母關係不和睦，家庭問題肯定不少，就算不破裂，也很難發揮該有的功能。即便是極不輕易相信他人的執行長，也不會質疑領導團隊團結一致對組織的重要，但卻只有極少數的組織願意投入心力，營造這樣的領導團隊。

要徹底解決組織內部功能不彰的問題，領導團隊必須找出更好的方法，那就是從建立團結的領導團隊開始！

針對這個主題，我曾寫過一本商業寓言小說《團隊領導的五大障礙》。故事主角剛接手管理一個效能不彰的領導團隊，團隊成員各懷鬼胎，書中陳述了這位領導者如何讓這個團隊脫胎換骨的過程。故事雖是虛構的，但是一個寫實的個案研究，探討一個團隊該怎麼做，才能徹底解決功能不彰的問題。後來我又寫了一本實用手冊《團隊領導的五大突破》，書中詳述如何執行我們對組織進行顧問諮詢時，所用的許多練習與工具。

在本章，將深入探討一個團結的領導團隊應該具備哪些行為，同時提出更全面的建議，協助你解決五大領導障礙。這次我以真實案例，說明自從上述兩本書出版以來，我從客戶與讀者身上學到的更精采實用的經驗與智慧。

**為「團隊」下個定義吧！**

「團隊」一詞已被過度濫用，以致大家感受不到它原有的意涵。事實上，只有極少數的領導團隊真正以團隊模式在運作，也就是體質健康的組織所需的那種團隊模式。大多數的領導團隊，比較像是麥肯錫的資深管理顧問卡然巴哈（Jon Katzenbach）與史密斯（Douglas Smith）在《團隊的智慧》（*The Wisdom of Teams*）一書中所謂的「工作小組」（working group）。

工作小組就好比高爾夫球隊一樣，球隊成員各自表現，在比賽結束時，再把每個人的得分加總起來。然而，真正的團隊比較像是一個籃球隊，所有的成員一起下場互動、互補，通常可互相補位。大多數的工作小組都自稱為「團隊」，因為社會上對於工作相關的一群人，都是如此稱呼的。

**但要成為真正的團隊，成員必須先有意識地做出一個決定，那就是要「團結合作」。這個決定是一個策略性選擇，而不是因為這是一種美德。**

選擇以真正的團隊模式共事的領導者，必須願意去做該做的事、付出必要的犧牲，如此一來，才能獲得真正的團隊合作帶來的好處。不過，在這之前，他們必須了解領導團隊的真正意涵，並對此達成共識。

領導團隊是共同負起責任，為達成組織目標而努力的一小群人。

## 為什麼是一小群人？

我遇過太多的領導團隊，問題就出在人數太多。

這是常見、但很嚴重的問題。一個領導團隊的適當人數在三至十二人之間。但只要超過八、九人，通常就會產生問題。團隊人數太多，除可能召集不易外，最主要的問題在於溝通。

一個有效率的團隊在進行討論與做決策時，主要透過兩種方法溝通：主張（advocacy）與探詢（inquiry）。這是哈佛大學教授阿奇利斯（Chris Argyris）率先提出的觀念。

「主張」是大多數人比較熟悉的溝通模式，也就是陳述你的立場，或表明你的觀點。例如：「我認為我們應該改變廣告策略」，或是「我建議刪減成本」。

比起主張，「探詢」較少被用到，卻更重要，也就是為了澄清他人的主張陳述而提出問題。例如：「你為什麼認為我們的廣告策略有問題？你指的是哪一方面？」或是「你有什麼證據證明我們的花費太高？你對自己的看法有多少把握？」

這和團隊人數有什麼關係？大有關係。

當團隊人數超過八、九人時，成員往往還沒探詢其他人意見，就急著先提出自己的主張。因為他們不確定接下來有沒有機會發言，所以急著在有限時間內，表明立場或觀點。當團隊人數降低，成員會較有餘裕提出問題以澄清觀念，他們知道接下來如有必要，還有機會提出自己的看法。

想想美國國會或聯合國大會的開會情形。會員往往利用寶貴的發言時間，發表各種宣言與陳述。大型的委員會或是組織內的任務小組，在開會時也是如此。他們很少尋求進一步的理解或是澄清觀念，只想丟出自己的意見，不讓別人專美於前。結果無可避免地導致誤解叢生，決策粗糙。

這種現象非常普遍，根據多年來我與企業主管和管理團隊共事的經驗，我很清楚這個問題的嚴重性。為什麼有那麼多企業或組織老是把過多的人，納入領導團隊呢？

因為大多數的組織都想要「廣納百川」，藉此呈現出歡迎所有人表達各種意見的良好形象。這種做法聽起來冠冕堂皇，卻無法讓組織有效做出最佳決策。所謂兼容並蓄，指的應該是領導團隊成員具有代表性，能夠適當的為部門發聲，而不是無限擴大團隊規模。

另一個原因是，最高主管把加入領導團隊當作籌碼，藉此獎勵部屬或對外挖角。例如：「我沒辦法幫比爾加薪或升職，但可以讓他加入領導團隊，這樣他應該會感到滿意。」或是「假如你加入我們公司，我就讓你成為我的直接部屬。」這些都不是把人放進領導團隊的好理由。

## 多頭馬車成效差

有一家小型電信公司併購了一家規模相當的競爭對手。為了安撫對方的主管，執行長把兩家公司的領導團隊合併，組成我所謂的「諾亞方舟」管理團隊。在這個管理團隊裡，每個職務都有兩個主管，各代表一方：兩個行銷主管、兩個業務主管、兩個……。聽起來很荒謬，但他們卻認為這是最好的安排。

當領導團隊變得如此龐大時（全盛時期高達十七人），開起會來自然變得一團亂。正如你預料的，這群人無法決斷任何事，有些人甚至無聊到在會議中打瞌睡（我沒開玩笑）。

撇開這些不談，這個案例最讓我驚訝的，還是在於最後解決這個問題的方法。有些成員實在受不了這種官僚做法，也不想再浪費時間，主動請執行長讓他們退出管理團隊！也就是說他們寧可放棄令人稱羨的頭銜，下降位階，也不想再浪費時間和精力在這麼龐大又沒有成效的多頭馬車團隊。

這種諾亞方舟式的做法，並沒有提升被併購方的士氣，反而拉長了轉型、抗拒與挫折期。

當企業領導者基於錯誤理由，把人放進領導團隊時，領導團隊的真正目的就被模糊了。要加入這個團隊，篩選成員的唯一標準，應該是這個人能代表組織裡某個重要部分，或是能夠貢獻必要的能力或洞見。

假如某人對薪水或職位不滿意，或是正考慮跳槽，領導者應該直接處理這個問題，而不是讓此人加進領導團隊，因為這樣做不僅會降低團隊效能，也讓問題更加複雜。

看到聰明的領導者為了戰略考量，寧可犧牲團隊效能與管理，總令我感到不可思議。由此可見，許多領導者並不是真正了解建立一個團結的領導團隊有多麼重要，不管他們口頭上怎麼說。

## 共同負起責任

真正的領導團隊和一般工作小組的最大區別，就在於：真正的團隊是共同負起責任，團隊成員願意無私付出、為團隊做出犧牲。

我說的犧牲，不是要你拋頭顱、灑熱血，而是像預算或人員編制的轉移，或是資源從某個單位，移轉到另一個單位。

這種犧牲說起來容易，做起來很難，因為沒有哪個主管喜歡對自己的部門宣布，為了幫助其他部門度過難關，要刪減獎金或是部門人數。但在真正的團隊中，非得這麼做不可。

除這些具體犧牲外，在日常工作中，往往還必須做出其他犧牲，包括時間和精神方面的付出。

團隊成員必須在自己的責任範圍之外，花許多時間與其他成員共同解決某些問題或議題。他們要參加其他部門的會議，幫助其他團隊解決問題，即便這些問題與自己的部門無直接關係。

其中最具挑戰的，可能是為了協助團隊達成目標，必須參與棘手、令自己渾身不自在的討論，甚至要當面指出同僚的缺失。即使不願意，很想逃避，一心只想退回安全的辦公室，做自己分內的「日常工作」，但他們仍然必須這麼做。

## 必須有共同目標

假如公司最重要的目標是提高業績，領導團隊的每個成員都應該共同擔負起這個責任，而不是讓業務主管一人獨挑大樑。團隊成員絕對不可以說，「我已經做好我分內工作了，達不成業績不是我的問題。」

這是另一個許多領導團隊只會說、卻常做不到的事。大多數團隊太過重視專業分工的觀念，總是根據團隊成員的職稱和管轄範圍來指派目標。專業分工雖然有必要，但做為管理整個組織的領導團隊，所有的成員必須把團隊目標視為大家共同的目標，一同分擔責任。

最後，假如領導團隊的目標是共有的，那麼成員的薪酬或獎金，就該有很大部分必須根據目標的達成情況來衡量。假如最高主管推崇團隊合作，卻根據個人表現給賞，就會讓團隊成員無所適從，甚至阻礙團隊精神與行為的形成。

在解釋完領導團隊的一般定義之後，接下來讓我們來談談，該用什麼方法，來建立一個團結的領導團隊。這套方法的核心，是所有團隊必須發自內心接受五個行為原則。

## 行為一：建立信任

真正團結的領導團隊，成員之間是彼此互相信任的。

這個道理再淺顯不過，是每個組織都應該了解並重視的觀念，但有趣的是，大多數的領導團隊並不一定擅於建立互信。我認為，最主要的原因出在，大家對於信任抱持錯誤的看法。

許多人都從「行為的可預測性」來理解信任。假如你可以預測某人在某個情

## 圖3 ｜ 五關鍵要素，建立真正的團隊

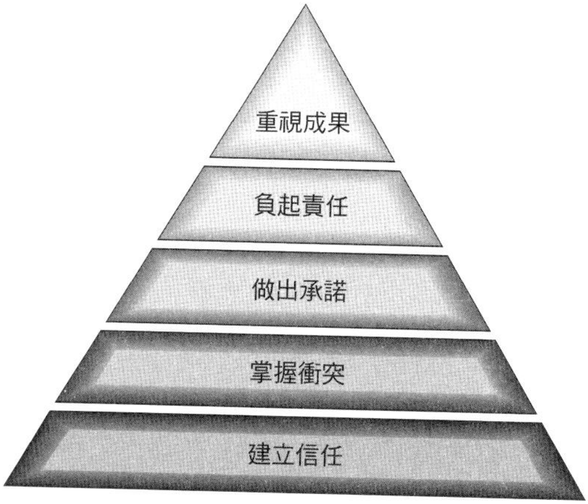

況下會表現出什麼行為，你就可以「信任」這個人。例如：「我認識莎拉好多年了，當她答應去做一件事，就一定會把這件事完成。這點我可以『信任』她。」這的確是值得讚賞的行為，但不是打造出傑出團隊的信任基礎。**一個傑出團隊，成員之間的互信基礎，建立在彼此可以坦承自己的弱點。**唯有成員之間可以開誠布公，可以發自內心對夥伴說，「我需要有人幫忙」、「你的想法比我的好」、「我想向你學習」，甚至「我搞砸了，我很抱歉」，這種勇於示弱的新信任關係，才能打造出傑出團隊。

當每個團隊成員都知道，其他人願意說出真心話，沒有人會隱藏自己的弱點或錯誤，這個團隊就建立起一種深厚且獨特的互信。他們可以對彼此開誠布公，說出真正的想法，不需要擺出高姿態或裝腔作勢，浪費彼此寶貴的時間和精神。

歷經時日，這種發自內心的互動會讓他們產生深厚的共事情感，有時甚至比家人還要深刻。

人必須先放下驕傲與恐懼，願意為了團隊的共同利益努力付出，才有可能向他人開誠布公、坦承弱點。或許一開始，這種做法讓人感到不安、不自在，但到最後，總是可以讓所有人如釋重負，因為再也不必時時如履薄冰、爾虞我詐的工作了。

建立團隊所需的信任，並不是要每個人手牽手，一起唱歌跳舞，做到心靈相通，最終目的還是在於讓團隊成員共同創造出最佳的整體表現，所以，是非常務實的。不論對剛成立的團隊，或是長期彼此不信任的團隊，運用以下方法營造開誠布公的新信任關係，都可達到成效。

## 關鍵十五分鐘，敞開心胸建立互信

要建立可以向夥伴坦承弱點的信任關係，必須採取循序漸進的方式。畢竟，要一下子敞開心胸，不太可能，而且反而可能產生反效果。要達到這個目標，必須從溫和做法開始，才不會讓人抗拒。

在進行外地訓練時，我們會先帶領團隊做一個小練習：請每個人向大家做自我介紹，談談個人背景，如在哪裡出生、有幾個兄弟姊妹、自己在家裡的排行，以及童年時期遇過最有趣或最困難的挑戰。

我們並不想挖掘他們的心事，只是要他們聊聊在成長過程中，讓他們印象特別深刻的挑戰。

這個小練習只需十五到二十分鐘，每次效果都非常好。儘管我已進行過許多次，卻從來沒有人對我說，「拜託，我們已經非常了解彼此。」

某些人可能和團隊裡的一、兩個人很熟，但對大部分的團隊成員還是有些陌生。每次進行這個練習時，當聽到其他成員分享他們的成長故事，大家往往感到很新奇，也更容易流露出真性情。

當他們發現自己的同僚曾經歷並克服了某些困境，或達成某些驚人成就之後，往往會對這個人另眼相看，並產生前所未有的敬意。更重要的是，當他們說出不曾向工作夥伴提過的往事，並發現這麼做不但沒問題，甚至帶來滿足感，他們就會對這個練習開始感到自在了。

向夥伴坦承弱點，除可以讓團隊成員相處變得更自在外，還可在團隊中形成人人平等的氛圍。曾有位外表非常嚴肅的執行長談到他的童年家境貧困，又因身材肥胖遭到霸凌，團隊成員頓時間對他卸下了心防。

這群人原本以為彼此已互相了解，但在短短的十五分鐘練習之後，不論職位、年齡或經歷為何，對彼此又產生新的了解，且多了幾分尊敬與欽佩，這些新體驗足以完全轉變一個團隊的氣氛。身為顧問的我，每次看到這種情形，總是感到非常驚奇。

## 了解自己是哪一型，也讓別人了解你

一家大型保險公司的高階管理團隊，對一位年長的財務長頗有微詞，因為這位財務長對其他同事處理預算的方式，一向吝於給予太多彈性。團隊成員普遍認為，這是因為這位財務長不信任他們，才會仔細查證他們的每一筆花費。他們對財務長的不滿情緒已累積多年，而且絲毫沒有減緩的跡象。

有一次，這個團隊進行上述練習，讓每個人談談自己。這位財務長說出自己的家庭背景和童年經驗，他說他成長於一九五〇年代的芝加哥，家境非常貧困，小時候家裡沒有抽水馬桶，電力供應也時有時無。在說完自己的成長經歷後，他以一種淡然的語氣說：「這大概是我把錢看得這麼緊的原因吧，我再也不想回到那麼窮的處境了。」

現場每個人都聽出他語氣中夾帶的感傷情緒，也在心中默默咀嚼這句話的深刻含意。全場一片安靜。

我驚訝地發現，現場每個人立刻開始反省自己對財務長的態度。當他們接下來討論費用的問題時，氣氛已大不相同。他們要是不曾了解彼此的另一面，這種轉變就不可能發生。

當然，假如在這個階段就此打住，互信的氛圍很快就會消失，團隊的互動在幾個小時或一天之後，又會回到原來狀態。個人成長背景的分享，只是讓團隊敞開心房的第一步。

接下來的步驟，更深入、但並不具威脅性，不至於引發抗拒。我們利用一種行為描述工具MBTI（Myers-Briggs Type Indicator）性格分類指標，來幫助團隊成員更深入了解自己和同事。

很多人都知道MBTI性格分類指標，這個指標被廣泛使用，準確性也很高。但你要使用其他工具也可以。（編注：MBIT根據一個人的心理能力走向：判定是「外向」（Extrovert）或「內向」（Introvert）；依一個人認識外在世界的方法：判定是「感官型」（Sensing）或「直覺型」（Intuition）；根據一個人做決定的方式：判定是「理性」（Thinking）或「感性」（Feeling）；根據一個人的生活方式和處世態度：認定是「果斷型」（Judging）或「熟思型」（Perceiving）。以這四個問題，又將人的性格分為十六種類型。）

挑選性格描述工具的關鍵，在於它揭露的訊息必須是中性的。換句話說，不涉及好壞的評價。所有的性格都有其價值，每個類型的人都擁有獨特的長才。**每個人的性格中都有對團隊有幫助的部分，但也有些會形成阻礙。**

這個練習的目的，在於讓團隊的每個人了解自己的性格，並讓工作夥伴了解你。這種做法可產生兩個效果，一是促進彼此了解，另一是幫助他們習慣坦承自己的缺點與極限。當團隊成員願意公開自己的弱點時，這意味他們允許其他成員提醒自己有這些弱點。當然這也包括提醒彼此的強項。

有時候，在坦承自身弱點的過程中，團隊成員之間的互動，會產生意想不到的重大突破。

## 克服認知謬誤，化解人際僵局

有一次，我與一家顧問公司的領導團隊合作。一開始，我並不知道其中兩位成員的關係勢同水火。但當我們進行MBTI性格分類的練習時，發生了一件很神奇的事。

處不來的兩人，一位叫巴利，另一位叫湯姆。在練習過程中，巴利在所有團隊成員面前，公開唸出自己的性格描述，其中提到他屬於完美主義類型，當他無法依照自己認為最好的方式做事時，就會有拖延的傾向。

湯姆聽到這裡，立刻打斷他。「你剛才說什麼？請再說一遍。」

巴利又說了一遍，此時湯姆露出十分驚訝的表情。

湯姆吃驚的問，「這真的是你性格的一部分嗎？」

巴利點點頭。「對，我在家裡也是這樣。我不是一個喜歡拖延的人，但當我不能把事情做得很完美時，就會變得拖拖拉拉的。」

「我以為你是因為不尊重我，才會經常拖延到最後一刻才把事情做完。我完全沒想到，事情竟是這樣……」湯姆坦誠地說。

兩個原本對立的人，此時都坐了下來，思考剛才雙方所說的話。兩人都有些激動，也好像是解開了心結，眼眶似乎都泛著淚光。

最後，湯姆說，「我可以幫助你，如果你有需要的話，可隨時跟我說。」湯姆願意伸出援手，兩人緊繃的關係，因為這個再簡單不過的練習與互動，有了大突破。

這個故事點出了一個很有趣的現象，那就是存在人性的「基本歸因謬誤」（fundamental attribution error），彼此不熟識的人會因為這個認知謬誤，而難以互相信任。這個名詞聽起來深奧複雜，但觀念其實很簡單。

基本歸因謬誤的產生，是基於人類的天生傾向，我們會把他人的負面或受挫行為，歸因於對方的本意和個性，而把自己的負面或受挫行為，歸因於外在環境因素。

假如我在雜貨店看到一個父親滿臉怒容、用手指著五歲大的女兒，我很可能做出一個結論：這個人有情緒管理的問題，需要接受心理輔導。但如果滿臉怒容、用手指著五歲孩子的人是我。我可能會解釋為：這是因為孩子不守規矩，把我惹火了，或是那天過得不順利，所以我心情不好。

這種「寬以律己、嚴以待人」的歸因謬誤，當然也會導致團隊成員之間無法互信。最好的解決方法，是幫助團隊成員了解彼此的個性和行為模式。如此一來，就可大幅提高我們以客觀的角度和同理心來看待彼此，而不會輕易做出不公平的評斷。客觀與同理心，是促使團隊產生互信與善意的重要心態。

如同聖法蘭西斯祈禱文唱頌的，我們必須「不求被了解，但求了解人」。雖然我們無法隨時做到這點，但深入了解他人的好處，有時確實大得驚人，而且立即見效，值得我們投入時間心力去發掘。

## 深入了解他人，好處大得驚人

有一次，我為一家大型科技公司舉辦為期兩天的外地會議。

開場介紹完健康組織和團隊合作的觀念後，我讓大家稍做休息。此時，執行長把我拉到一旁，向我示意哪位是業務副總裁卡爾，然後小聲地對我說，「這個訓練結束之後，我很可能炒他魷魚。」

我非常驚訝，但執行長沒有解釋太多，只說他覺得卡爾沒有團隊精神，把自己看得比公司還要重要。

休息時間結束後，我們進行MBTI性格分類練習。卡爾告訴大家，他屬於ESTP類型（挑戰型）。我小時候和性格同屬ESTP的哥哥共用一個房間，我很清楚這種性格的人。

於是我對他說：「我猜你不喜歡守規矩，如果你覺得對你沒有好處，你就不會出席會議，要不然就是打破規矩。你總是能想辦法得到你想要的，但有時候會把別人惹毛。你底下的業務員可能很喜歡你，但上面的人卻覺得你是個叛逆份子。」

在場的人聽了我的描述後，發出了緊張的笑聲。

接著，我看了一下執行長的性格類型，他屬於ESTJ類型（督察型）。這種類型的人正好最討厭打破規定、不尊重制度的人。我先看了卡爾一眼，然後對執行長說，「你有時候一定被他氣個半死。」

卡爾和執行長一起看著我，彷彿我會算命一樣。全場的人則是哄堂大笑。

我只是根據這兩種人格類型會有的基本行為，描述出他們可能的互動情形。卡爾沒有否認我對他的描述，而執行長突然對這位業務主管的作為有了新領悟。最重要的是，他開始把卡爾的行為歸因於他的性格，而不是態度問題。這當然不表示卡爾從此可以為所欲為，但這位執行長以後可以用更多的包容與同理心，與卡爾共事了。

會議結束之後，執行長把我拉到一旁，他說他不打算解雇卡爾了。這個例子可充分說明，自我揭露弱點有助於克服基本歸因謬誤，並建立穩固的互信基礎。

## 敞開心胸，但也要知道界限在哪裡

有人問我，有沒有可能因為向團隊成員過度敞開心胸，而導致自己受傷？依我過往的經驗，我認為機會不大。

如果你認為向別人透露太多自己的事，有可能讓自己受傷，那你很可能會隱瞞自己的弱點、錯誤或是向外求援的需求。有這種想法，真的沒什麼好處。也許在團隊剛形成時，就要求大家彼此坦誠，是個不切實際的期待。但隨著更長時間的相處，要在團隊內建立穩固的互信基礎，最佳辦法就是讓成員知道，他們可以開誠布公，向他人坦承自己的弱點，而且對方不會因此減損對你的信任。

不過，假如團隊成員每次都帶著一長串關於自身錯誤與弱點的清單來開會，也會對團隊造成問題，表示這個成員其實能力有待加強，而不在於是否坦誠公開，應該先解決的是他的能力問題。

最後，我要提醒一點，坦承缺點的練習，並不是讓團隊成員把團隊當成私人治療團體。假如有人在團隊裡把自己的所有醜事都倒出來，反而會造成大家的困擾與不安。

以恰當的智慧和EQ，自我節制是必要的，而我發現絕大多數的主管都知道界限在哪裡。

## 錯誤決策背後，其實是人的問題

想要團隊成員坦承自己的弱點，團隊領導者（不論是執行長、部門主管、牧師或是校長）就必須帶頭以身作則。如果領導者不願讓人知道他的錯誤和失敗經驗，也不想當眾承認弱點（其實大家可能都已知道），團隊成員不太可能坦承自己的缺點。事實上，他們可能也認為最好不要這麼做，因為領導者很可能不想聽，也不鼓勵這種行為。

我曾與一位令人望之生畏的執行長共事，這位執行長鮮少得到來自團隊成員直接而坦誠的意見。在人資主管的催促下，他進行了一項正式的意見調查，請他的團隊用匿名方式給予回饋。但幾個月過去了，他一直未跟大家分享調查結果。最後，人資主管說服了他，他終於在一次主管會議公開結果。

會議開始時，他先當眾唸出從這次調查反映出的最大缺點。唸完後，他露出疑惑表情，然後說，「嗯，你們有什麼想法？」現場主管們個個露出尷尬神情，紛紛低頭否認。接下來，執行長唸出自己的第二項缺點，再次詢問其他成員有什麼想法。結果，這群怯懦的主管們又否認了這項缺點。

但這些結果明明是根據他們填寫的問卷得到的，這個場面令我震驚不已！

最後，終於有一位勇敢的成員表示，他同意報告中提到的某個缺點。但經過一陣尷尬的沉默之後，有位成員卻又說，他並沒有發現這個問題，其他成員也馬上異口同聲地加入他的行列。所有人都拋棄了那位直言的同事，任由他獨自面對充滿防備心的老闆。

這位執行長的缺點當場顯露無遺，而這場會議引發的最大效應是，執行長向所有團隊成員傳達了一個明確訊息：「我絕對不會承認自己的缺點，你們最好也不要自曝其短」。從此以後，團隊成員極力避免承認錯誤，也不願向同事求援。後來這家公司因為營運表現不佳，以極低的價錢被收購。

儘管媒體和產業分析師都把這家公司的失敗歸因於策略與產品的錯誤決策，

但領導團隊的成員心知肚明，這只是真正的問題引發的副作用而已。真正的問題是：領導團隊缺乏互信，而且是執行長帶頭的，上行下效。

領導者若要為團隊成員創造一個安心坦承缺點的環境，唯一的方法就是以身作則，帶頭做令自己不安和不自在的事：甘冒風險坦承缺點，對所有人開誠布公。唯有如此，他才有權利與自信要求別人也這麼做。

互信是團結的領導團隊必須做到的第一件事，也是最重要的一件事，因為它是其他行為的基礎。唯有互信，團隊成員才有可能合作。而下一個要建立的行為，則是管理衝突的能力。

## 行為二：管理衝突的能力

對團隊來說，衝突不是壞事，害怕衝突，才是問題的徵兆。

我說的衝突，並不是人際關係或性格脾氣引發的，而是理念之爭，也就是在討論重要議題與重大決策時，願意提出反對意見，必要時甚至表達強烈反對。不過，這需要團隊成員之間的互信基礎足夠穩固才行。

當團隊成員彼此信任，他們知道每個人都會坦白承認，不會不懂裝懂，而當別人有更好的意見時，也不吝於給予認可。唯有如此，才能大幅降低對衝突的恐懼，以及隨之而來的不安。

有了互信基礎，衝突就只是追求真理、找出最佳解答的過程，非但不是壞事，反而是團隊需要的。但如果沒有互信，衝突就變成爭權奪利的手段，為了贏而操弄人，不是為了追求真理。

## 主管的條件：不逃避不愉快場面

即使是建設性的衝突，也不代表不會發生讓人不愉快的場面；即便有穩固的互信基礎，當意見不一時，還是會引發某種程度的不愉快。但這種不愉快，是針對某個議題產生的建設性壓力，反而會促使團隊進行深入討論與激辯。

克制想要逃避不愉快場面的衝動，是所有領導團隊必須具備的重要能力。事實上，也是每個主管都應該具備的條件。

只要是追求有意義的事物，不論是創作、運動、人際互動或是學業，在實現過程中，都會伴隨某種程度的不愉快，沒有痛苦，就沒有收穫，這些都是必須打的仗，逃避不僅無法得到成果，還會讓過程變得更加痛苦。

剛擔任管理顧問時，有一次我與一個領導團隊合作，這個團隊的執行長不但無法忍受衝突場面，甚至盡可能避免衝突發生。結果，他們的主管會議不僅無趣，更嚴重的是，無法發揮太大效用。

有一回，幾位團隊成員很罕見的為某件事爭論不休。我對這個事件印象非常深刻，因為這個團隊的會議不曾這麼有趣過。這群人終於開始挖掘真正需要探討的問題了。當他們暢所欲言，對組織方向發表不同意見時，這個場面看起來確實讓人感到不舒服。但大家都說出了真心話。

但突然間，執行長站了起來，對所有人說，「我沒空和你們搞這些。」話一說完，人就走了。

他的言行透露了一個非常清楚的訊息：「我寧可會議是無聊、無效率，不談真正重要的議題，也不願忍受不愉快的衝突場面發生。」從此以後，他們的會議又回到原樣，決策品質也大有問題。

在一次會議中，他們必須針對產品的發展方向做出重大決定。但他們只討論了幾分鐘就得出結論。事後證明，這是嚴重的失策，最後導致數百名員工失去工作，顧客大量流失，公司股價大跌。

十多年後，產業分析師與離職員工談起這個明顯的愚蠢決策，也只能搖頭嘆息。他們不知道，這個錯誤的發生並不是因為領導團隊不夠聰明，而是執行長不願意忍受有益組織健康的衝突場面發生，以致所有主管都沒有動機、也不被允許針對重大議題的核心深入討論。

## 逃避衝突，反而激發不滿

逃避衝突引發的問題，不只有無聊的會議和品質粗糙的決策。

當領導團隊成員逃避衝突，只會把衝突轉移給組織裡更多的人。這群原本應該為員工解決問題的主管，反而為員工帶來問題。簡言之，他們把高層應該解決的問題，留給底下員工來承擔，增加了員工的不安與痛苦。

不同的人、不同的家庭與不同的文化，會以不同的方式來面對衝突。日本企業與義大利企業在處理衝突時，採取的方式截然不同；紐約市與洛杉磯的企業對衝突的處理方式，也大不相同。想要以建設性的態度處理衝突，方法本來就不只一種。

領導團隊的成員要是規避爭執，在重要議題上不願表達真正的想法與意見，總是在權衡利弊得失之後，才選擇性地與人發生衝突，不僅會導致錯誤決策，還會製造人與人之間愈來愈無法彌補的嫌隙。

為何不參與衝突，反而引發成員不滿？當團隊成員不願誠實表達反對意見，而是選擇壓抑時，這種不認同的心結會慢慢累積擴大、發酵，演變成對人的不滿。

當有人在會議上發表不同的意見，其他成員有兩個選擇：解釋自己反對的理由，並透過討論，化解分歧，抑或是完全不解釋，任由對同事的不認同繼續存在。

**當團隊成員習慣了不把心中想法說出來，久而久之，挫折感就會愈來愈深。**簡言之，他們決定忍耐，而不是信任這位同事。而對那位同事來說，眾人的冷眼對待也會讓他覺得很受傷或不被尊重，他完全不理解大家為什麼要這樣對他。這種互動關係對團隊的傷害有多大，不言可喻。

我是個擁有愛爾蘭和義大利血統的美國人，激烈衝突在我家司空見慣。打從小時候開始，我就有充分機會可以磨練處理衝突的能力。然而，在我的團隊中，有些人的家人很少大吼大叫，或是直截了當地表達不贊同的意見。這樣的差異有可能會造成問題。

要解決這個問題，團隊成員必須敞開心胸，告訴其他人自己面對衝突的模式是什麼，然後找出所有人都可接受的衝突處理方式。在這個過程中，運用MBTI這類的性格分類工具會很有幫助，因為性格與行為偏好會影響人們處理衝突的態度，影響力不亞於家庭與文化背景的薰陶。

## 學習運用衝突，創造更大信任

組織裡的衝突等級有兩個極端。一端是完全沒有衝突，我把它稱為「人為和諧」；在這種模式下，人與人之間的關係特徵是：虛偽的微笑與口是心非的贊同，至少在公開場合是如此。在另一端，是無止境的惡意爭執與攻擊。而在這個極端之間，存在建設性衝突與破壞性衝突。

我們常在電視和電影中，看見劇中人物在開會時爭得臉紅脖子粗。但在現實世界裡，完全不是那麼一回事。

大多數的企業或組織，都偏向維持「人為和諧」。大多數人在會議中會盡可能避開不愉快的直接衝突。當他們發現自己的言行可能引發衝突時，即便是朝向建設性衝突，他們也會設法退回消極、間接的溝通模式，以及人為和諧的世界。

在真實世界裡，當衝突發生時，要確保不擦槍走火，完全不造成破壞，真的很困難。在任何一個團隊、任何一個家庭或是婚姻裡，總會有人在某個時間點跨越那條界線，脫口說出沒有建設性的話、做出沒有建設性的事。不過，與其擔憂

圖4 | **衝突模式**

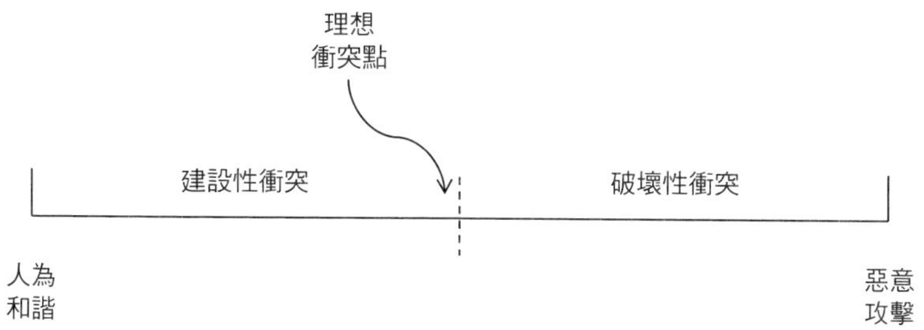
理想
衝突點
建設性衝突
破壞性衝突
人為
和諧
惡意
攻擊

發生這種事，不如坦然接受，學習如何處理這種狀況。

**每個人都必須學習如何從非建設性言行中收拾情緒，重新回到建設性衝突，並適應轉換過程中的不安**，如此才能找到勇氣，一次又一次把自己從偏差狀況中，拉回理想境界。最後，我們會培養出自信，知道偶爾越界並不會出事，甚至會讓自己愈來愈堅定，並對彼此產生更大的信任。但如果苟安於膚淺的人為和諧，就永遠達不到這個境界。

## 三個方法，激發建設性衝突

有位同事與一家租賃公司合作時，見證了這種越線的好處。這位同事協助該公司的執行長、總裁和其他高階主管，處理與薪酬和資產有關的問題。在這個領導團隊中，顯然有許多人對於公司近期所做的改變頗有意見。

在一場氣氛尷尬的會議中，一位高階業務主管對總裁開炮：「你知道嗎？我們之所以在此開會，都是因為你太貪心，害我們其他人都變成高級勞工！」

會議室一片安靜，彌漫令人不安的氣氛。總裁似乎嚇到了，而其他主管全看著我同事，希望他介入，化解僵局。我的同事忍住跳出來化解危機的衝動，任由僵局持續，迫使團隊成員自己解決問題。

過了大約十或十五秒之後，那位發飆的業務主管再度發言：「等一下，這種說法並不公平。我不能因為一時衝動，就讓我們七年的交情付諸流水。我向大家道歉，請讓我進一步解釋。你們在未告知大家理由的情況下，就改變了公司的資產政策。這就好像比賽進行到一半時，突然改變比賽規則一樣，讓很多人覺得難以接受。」

總裁接受了他的道歉，團隊之間的緊張氣氛也轉變為熱烈發言，並踴躍說出長期悶在心裡的疑問。

當會議結束，這位業務主管走向總裁，給了他一個擁抱。這個事件對這個團隊來說，是一大突破。假如沒有人跨越界限，這個突破就不會發生。

非營利組織最容易緊抓著人為和諧不放，尤其是教會。在這些組織工作的人似乎都有種誤解，以為他們不能對同事發脾氣，或是反對彼此的意見。他們把表面的和善與實質的和善混為一談。

兩個彼此信任與關心的人在討論重要議題時，遇上兩人意見不一，他們應該自認有義務提出反對的理由，尤其是強烈反對時，更要如實的表達。因為一旦做出錯誤決策，將會導致嚴重後果。領導團隊的成員要是無法直言不諱，不僅可能失去對彼此的尊重，也可能引發日後私下議論，導致更嚴重的破壞性衝突，更可能因此做出錯誤決定，讓他們服務的對象失望。而這一切，都只是因為他們想維持表面的和善。

儘管我們了解衝突的必要，但真的要讓它發生，內心免不了還是會很煎熬。因為我們的文化教我們要盡可能避免衝突。所以，團隊領導者要採取一些方法，來打破這種慣性。

## 挖掘衝突與即時認可

要提高團隊對建設性衝突的接受度，領導者可以在會議中「挖掘衝突」。在會議進行中，當察覺到有潛在的反對意見時，應該請那個人把心中疑慮說出來。

表面上看來，這好像在自找麻煩，但事實上正好相反。

當反對意見還在醞釀、尚未浮上檯面時，提早讓它曝光，可避免因不願當面爭論而私下發牢騷，這種放馬後砲的行為，反而更具破壞性。

團隊領導者還可使用另一個工具「即時認可」。當團隊在練習如何接受衝突時，需要即時的正向回饋。因為一開始練習時，不論衝突多麼輕微，還是會讓人很不舒服。

因此，當領導者發現團隊成員在會議中互相爭辯時，即使他們爭論的主題不是什麼大事，領導者仍然應該做一件看似違反直覺、但對團隊非常有益的事，那就是先暫時打斷他們，目的不是要他們停止爭辨，而是提醒他們，他們的爭論為何可對團隊產生助益。

這個舉動的目的，在於給團隊成員一種許可，幫助他們克服心中的罪惡感。如此一來，他們才能擺脫不必要的分心與壓力，繼續進行令人不自在、但有建設性的衝突。

我帶過許多團隊運用這種方法。假如有人當場提醒：他們進行的爭論對團隊有益而不是有害，他們會覺得如釋重負，心中的壓力會立刻消失，更能專注於解決眼前的議題。

還有一個方法，可以幫助團隊成員克服逃避衝突的心態，那就是由團隊領導者明訂對會議的期待與相關規則。

## 巧立會議規則

公司有位顧問，曾與一家大型飲品公司旗下事業部的領導團隊合作。這位同事告訴該事業部副總裁，他的領導團隊需要更多的建設性衝突。他們做了一些嘗試，但始終無法讓團隊成員坦率說出心中的反對意見。

這個情況其實很普遍。於是，這位副總裁訂下了兩條規則。

第一條規則是，假如有人在會議討論中保持沉默，就表示他抱持反對意見。團隊成員立刻意識到，他們不得不發表意見，否則討論事項就不會有結論。

第二條規則是，在每個議題討論結束時，副總裁會向每位成員確認，他們同意這個結論，並承諾遵從。

這兩條規則立刻改變了他們的會議氣氛，也立刻激發出建設性衝突。假如這位副總裁只是口頭告訴大家要多發表反對意見，絕對不可能達到這樣的效果。

最後要說明的是，團隊成員之所以不願意與人產生衝突，問題往往不在於衝突本身。很多時候，也許是大多數的時候，真正的問題來自缺乏互信。

假如團隊成員無法自在地坦誠相對，他們在面對衝突時，就絕對不會感到自在或安全。假如是這種情況，再多的訓練或討論，也無法讓成員願意涉入正面衝突。唯有建立互信，建設性衝突才有可能產生。

互信是建設性衝突的基石，而衝突則有助於團隊培養出下一個關鍵行為：做出承諾。

## 行為三：做出承諾

衝突之所以重要，是因為少了它，就無法確定團隊成員對會議結論，是否願意承諾遵從。團隊成員在討論過程中，要是沒有機會提出問題、提供意見，並深入了解，他們就不可能真正認同會議的最後結論，並確實執行。

有個很重要的觀念需先澄清，這種承諾並不是所謂的「達成共識」。假如必須等到大家達成共識才採取行動，往往會拖延太久才做出決定，而且這個互相妥協的決定，其實很難讓所有人心服口服。這種做法只會導致平庸的成果，並造成挫折感。

傑出團隊會採用一個觀念來避免「共識陷阱」，這個觀念就是英特爾推行的：「不同意但仍全力以赴」（disagree and commit）。

基本上，英特爾認為，即便人們無法認同某個結論，但仍然可以在離開會議室時，以毫不動搖的心態全力以赴，執行大家共同的決定。

但這麼做有個先決條件，那就是領導者必須允許團隊成員之間出現建設性衝突。畢竟，要**做到「不同意但仍全力以赴」之前，應該先讓持反對意見的人充分說明「不同意」的理由才行。**

## 領導者的職責：得出真正的結論

唯有當所有成員毫無保留地抒發己見，領導者才可以自信的認定，自己完成了團隊領導者最重要的職責之一，也就是得出真正的結論。

當他知道團隊裡的每個人都發表過意見，提出了各種可能的觀點之後，他才有可能得出一個清晰明確的結論，並期待團隊成員就算一開始不認同、但最後仍然願意遵從大家最後的決定。

有些領導者很難接受這個觀念。他們覺得，讓團隊成員針對一個有爭議性的主題，各自發表不同的意見，就會難以讓他們承諾遵從最後的決定。但事實上，這世上很少有人只因看法不同，就全盤否決某個決定。

只要給每個人公平表達意見的機會，大部分的人都可以接受別人的不同看法。如果沒有爭論的機會，不同意見沒被提出來辯論，有些團隊成員很可能無法接受最後結論，至少不會積極接受。

要是這些主管心中沒有積極承諾支持最後決定，雖然他們不會在回到辦公室後，戲劇性的策動破壞計畫（這種情節只會出現在電影裡），但實際會發生的事，恐怕更具殺傷力。

大多數的領導者都熟知「消極認同」（passive agreement）的藝術。就算他們不認同會議做出的決定，他們仍會點頭微笑。但回到自己的辦公室後，他們不會做任何事去支持那個決議。他們不會在自己的部門推動這項決議，更不可能在出現潛在問題時，提出任何警告。

他們只會坐視問題愈演愈烈，期待有一天情況失控時，他們就可以說，「我從一開始，就不認同這個決定」。這樣的行為模式，往往讓組織付出慘痛代價。

### 消極認同代價大

一家跨國性大藥廠的領導團隊發現，公司業績下滑，費用支出卻不斷上升。於是執行長在主管會議做出決定：為了降低成本，取消出差可搭乘頭等艙或商務艙的規定。對於必須經常長途出差的人來說，這真是個壞消息。

一如往常，執行長不鼓勵團隊成員針對這個決議提出討論。所有的主管只是點頭微笑，而執行長也樂於把這種反應視同大家已做出承諾。

結果，只有半數的主管回到自己的單位後，宣布這項改變差旅方式的命令。而另一半的主管卻告訴底下員工，不必理會這個規定。當大家發現不同部門有差別待遇時，公司內部爆發了強烈的情緒反彈。

遵守新規定的員工抱怨自己的主管，要求他們遵從其他部門沒有遵守的規定。而這些主管則是對其他不遵守規定的主管感到氣憤，因為他們無視眾人同意的決定。

沒有進行建設性辯論，以致無法得到員工的真正承諾，代價不小。除財務成本外，員工對領導團隊失去信任，員工之間也會產生不和。

防止消極破壞的唯一方法，就是要求團隊成員積極參與討論，並讓他們知道，他們必須負責確實執行團隊的最後決定。

## 做出明確結論，別再模棱兩可

我看過不少例子，即便團隊成員已經過激烈討論，但在執行時仍然出現問題。這是因為他們在討論結束時，沒有做出明確結論。儘管坐在同一個會議室，用相同的語言，但每個人離開會議室時，心中對最後決議卻可能有不同的理解。

為了解決這個問題，在會議結束前，必須花幾分鐘的時間，確認每位成員對於會議中的所有決定，有一致的理解與承諾。

只是我們大多數的人總是在會議接近尾聲時，迫不及待的想要離開，即使心中仍有些疑慮，卻也不以為意。高效能的領導團隊一定會在會議結束前，花幾分鐘重新確認每個人該做的事項，並把所有可能模糊不清的部分逐一釐清。

要確保所有人認真做到這點，有個好方法，那就是要求所有人在回到自己的部門後，向部屬明確傳達自己在會議中承諾要做哪些事。

假如領導團隊成員知道，他們必須為會議做出的決定背書，還要在部屬面前如實傳達，他們在開會時，如碰到不完全了解的情況，或是有不同的意見時，就絕對不會讓某個決議輕易過關。

不多花一點時間澄清要點，帶著模糊不清、內容不一的訊息回到自己的部門，只會導致更痛苦的結果。

## 不一致，後患多

公司的一位顧問曾與一家資訊公司的領導團隊合作，協助對方釐清部門的核心目標與價值觀。會議結束後，這名顧問提醒領導團隊要持續溝通，直到每個人都非常清楚部門的目標與價值觀，然後才可以向整個組織宣布。

領導團隊答應會再次召開會議，澄清所有可能的理解誤差。只可惜，他們沒有實現這個承諾，而是決定直接召開大型會議，向五十多位中階主管宣布新的目標與價值觀。

在這個會議上，領導團隊的成員才剛開始做簡報不久，就馬上遭到質疑。遺憾的是，這個質疑並非來自那五十多位中階主管，而是來自領導團隊的成員；這位成員當眾表示，他從來就不認同這些理念。

由於這個領導團隊沒有取得一致的明確承諾，結果造成自家人倒戈相向的局面，還讓他們在部屬面前失去威信。

「我們當時非常難堪，而且是罪有應得。」團隊領導人事後坦承，「自己人還沒有達成共識，就要全公司的人認同。我發誓絕對不讓這種情況再度發生。」

在接下來舉行的外地會議中，領導團隊徹底釐清每個人該做的事。這場會議結束之後，當他們向員工宣布公司的新政策時，他們的表現不僅團結一致，而且當眾坦承他們先前所犯的錯誤，並告訴大家，為了防範錯誤再次發生，他們已採取了哪些措施。

儘管沒有人提出質疑，在討論結束時，讓相關人員做出積極明確的承諾，還是非常重要的事。許多人可能不清楚這麼做的現實因素是什麼，因為唯有團隊成員確信同僚已完全接受某個決定之後，他們才有勇氣實踐第四個、也是最難做到的行為：負起責任並互相督促。

## 行為四：負起責任並互相督促

團隊要貫徹決策並達成目標，除個人負起責任外，成員之間還必須互相督促。因為即使是最有合作精神的團隊成員，有時也需要有人提點自己，真正該做的事，以及當前最重要的任務是什麼。

人們未按原定計畫或決定做事，有時候是刻意的，因為這麼做，對自己有益，儘管對團隊無益；有時候，則是在不知不覺中因忙於其他日常工作而逐漸脫離計畫。不論何者，團隊成員都要彼此提醒，互相督促，幫助夥伴重回正軌。

**同儕壓力，是最具實效的善意**

在體質健康的組織裡，同儕壓力才是最具督促效果的，也是最主要的導正力量。大多數人都以為，領導者才是主要施壓的人，在大多數體質不健康的組織裡，確實是如此，但這種做法缺乏效率、不切實際，而且不合理。

如果一個團隊得靠成員向領導者打小報告才能運作，這將會導致團隊裡紛擾不斷，互相猜忌。領導者也很難做事，因為他一天到晚被扯入各種紛爭裡，而其實這些紛爭如果沒有他涉入，反而更容易解決。

團隊成員一旦知道工作夥伴是真心承諾要執行團隊決定，那麼當他們發現問題時，就會坦率直言，不必擔心同事會因防備心理而做出不理性的反擊。不管是主動提醒的人或是被提醒的人，他們都知道，這麼做只是幫助對方回歸正軌，或是澄清某些看起來不太對勁的事情而已。

我認識不少冠軍團隊的成員，他們都認同這是最有效的方法，可以讓所有成員隨時專注在最重要的事情上。

我們公司的一位顧問曾與某個領導團隊合作。這個團隊成立不到一年，團隊成員因不常面對面開會，於是出現了一些問題。

在一次外地會議中，這位顧問帶領他們做互相提醒的練習，要他們指正其他成員的行為與做法。這個聽起來有點可怕的練習，通常會進行一個小時。不過，由於他們太久沒有聚會，這個練習進行了三個小時。

「你應該在執行長做決策時，當面和他溝通，不要任由他為所欲為。」

「你把我扯進了沒有必要的談話裡，你只要去看我的報告，就會知道一切。」

「你的報告也許看不出來，但你的譏諷語氣已經傷害到了你的團隊。」

「你向同事抱怨我的事，而沒有直接找我談。你這種做法傷害到我，也傷害了你自己。」

「你要小心你那種自以為是的態度，會讓我們的腦力激盪進行不下去。」

雖然同儕壓力是效果最佳的提醒，但團隊中要真正發展出同儕互相督促的文化，還是需要領導者願意面對棘手狀況，糾正團隊成員的行為。

領導者雖然不是主要的壓力來源，卻是最後的仲裁者，假如他沒有執行這個角色，因個性懦弱而未能適時要求某個成員修正行為或表現，那麼其他成員也就不會互相督促了。這是很自然的事，假如領導者自己都不願指正成員的行為，甚至放任不管，其他團隊成員又為什麼要這麼做？

這就是吊詭之處。團隊領導者愈有魄力指正團隊成員的行為，團隊成員就愈不需要他出面仲裁；但要是他不敢約束團隊成員，團隊成員反而愈需要他出面約束。我非常清楚這個現象，因為我有切身之痛。對我來說，當面指正團隊成員，是件很困難的事。

## 團隊發揮潛力的最大阻礙

許多領導者有這個問題而不自知。有些人告訴我，他們不怕開除員工，所以絕對沒有這方面的問題。這當然是一種誤解。開除員工不一定是勇敢的行為，反而時常是懦弱所致，因為他們不知道該如何指出員工的錯誤，或是不願意出面約束員工的不當行為。

所謂負起責任並互相督促，指的是有勇氣當面指出其他成員的缺失，並承受對方的情緒性反應，而這很可能是不愉快的經驗。

要做到互相督促，意味你真正關心其他成員，以致你甘冒被他人指責的風險，仍願意直言不諱地指出團隊成員的缺失。

只可惜，更常見的情況是，團隊領導者極力逃避這樣的責任。我發現，這是妨礙領導團隊與企業發揮潛力的最大阻礙。正因為如此，在我們設計的「團隊領導的五大障礙測驗」中，許多團隊在「負起責任並互相督促」這個項目的得分最低。

許多有這方面問題的領導者（我也是其中之一），往往會如此自我安慰：自己是基於善意，不想讓員工難過，才不去指出團隊成員的不當行為。不過，只要徹底追究這個動機，就會發現事實真相：他們自己才是那個不想感到難過的人，此外，未能指正員工，其實是一種自私的行為。

隱匿可以促使員工改進的訊息，並不是什麼值得驕傲的事。

員工要是沒有及時改善行為，最後一定會對公司績效產生負面影響。假如員工因此遭到解雇，領導者也難辭其咎。沒有適時告知員工他的表現有問題，就將他解雇，這種做法一點也看不出善意。

### 難以開口糾正同事的缺失

根據「圓桌集團線上團隊評估」搜集的資料，困擾現今領導團隊的主要問題是：團隊成員逃避指正彼此的行為與表現缺失，結果對團隊造成傷害。

這個由三十八個問題構成的線上評估工具，可用來評估團隊是否有領導障礙。在評估過一萬二千個團隊填寫的資料後，結果顯示，根據圓桌集團的三色（綠—黃—紅）得分指標，有六五％的團隊在「負起責任並互相督促」的項目得分落在紅色區，也就是得分最低的區域。其他項目落在紅色區域的團隊占比分別為：信任四〇％；衝突三六％；承諾二三％；結果二七％。

### 指責行為比檢討績效難

有些領導者沒發現自己有督導不周的問題，因為他們以為在容易衡量的績效方面，盡了督促之責就好。假如部屬連續四季未達成業績目標，或是沒有按照時間表推出達到要求的新產品，領導者往往可以直言指責這位部屬的缺失，並採取必要行動。這確實是一種督促行為，卻不是最重要的，真正要緊的是對行為的指正，這才是更根本、更重要，也更難做到的。

即便是最怯懦的領導者，通常也可以鼓起勇氣，告訴某人他未達成數字目標。這是相對客觀、沒有評斷意味的行為，也相對安全且較沒有情緒負擔。然而，要當面指出某人的行為需要修正，就是另外一回事了。因為這涉及評斷，可能引起防衛性反應。

比起針對數字結果進行督促，行為的指正更重要，因為行為問題往往會先顯現出來，最後才導致績效與成果不佳。

不論是美式足球隊、銷售部門或是一所小學，可衡量的績效若發生嚴重下滑，往往可追溯出導致這個結果的行為問題。訓練不夠到位、電話行銷執行不夠確實、教學計畫準備不足等等，這些問題早在數字結果明顯下滑之前，就已經出現了。優秀的團隊領導者與成員會在情況顯露不對勁的徵兆時，就提醒與指正彼此的行為問題。因為他們真正關心這個團隊，寧可冒險引起不愉快，也不想看到不好的結果出現。

團隊領導者是否願意負起督促之責，對組織的競爭優勢影響甚巨。不僅問題可以及早發現並解決，成員之間也不會有心結。不論是從營收與生產力的提高，或是員工流動率的下降來衡量，這種做法的實質好處不言而喻。

值得注意的是，人們常把互相督促與引發建設性衝突混為一談，因為兩者都涉及不舒服的感覺和不愉快的情緒。但事實上，兩者有非常大的差異。

衝突的重點在於議題與想法，而互相督促的重點在於績效與行為。儘管大家都不願意涉入衝突場面，但大多數人更難做到的是互相督促，因為涉及針對個人與行為的評斷。

## 你的功與過，同事告訴你

這種練習有助於提升團隊成員互相督促的能力。做法相當簡單，只要花一、兩個小時，就可讓團隊的風氣大幅改變，使得成員開始互相督促，共同朝著更高的標準努力，效果奇佳。

我們通常會在為期兩天的外地會議的最後，進行這個練習。不過，先決條件是我們認為這個團隊已建立了一定程度的互信。假如團隊成員不願當眾坦承自己的缺點，這個練習就沒有效果。

首先，我們請每個人寫下其他成員所做的讓團隊變得更好的一件事。換句話說，他們要寫下其他人有益於團隊的最大優點。這個練習的重點不在於寫出他們的技能，而是他們讓團隊變得更強的行為。

接著，他們要寫出一件其他人所做的對團隊有害的事。通常經過十至十五分鐘的思考之後，每個人都可以完成這個部分。

這個練習，從團隊領導者開始，請每個人說出他們認為領導者具備的優點，並請領導者用一句話做總結回應。在大多數的情況下，領導者對團隊成員的正向回饋表現出謙虛，甚至驚訝的態度。

接著，再請所有人說出他們認為領導者最應該改進的事項。同樣的，我們也請領導者做出簡短的回應。不是辯解，只是對眾人意見做出回應。依據我們經驗，領導者通常表示接受與感謝。

然後，我們對每個成員進行相同的練習。每個人聆聽同儕給予的正向回饋與改進建議，並做出簡單回應，一個人大約需要花十分鐘的時間。經過一到兩小時之後，視團隊大小而定，這個練習就可以完成。通常到這個時候，圍桌而坐的所有人都會對剛才聽到的直接、坦誠而有益的回饋，感受到某種程度的震撼。

這個練習的好處，遠超出單純的意見交換。最大的獲益是，所有團隊成員意識到，互相督促有助於組織的存續與成長，而且應該持續進行。但有時候，也會導致震撼結果。

## 因為信任，提高對彼此要求

有個同事曾與一家大型企業資訊部門的領導團隊合作。在這個團隊中，許多人對於其中一位成員弗瑞德的行為都有些不滿，但他是這個部門最高主管的人馬。所有人都認為資訊長偏袒弗瑞德，放任他做出破壞團隊的行為。這位資訊長後來坦承，他非常看重弗瑞德的專業能力，所以不願意做出可能導致他離開公司的事。

在一次外地會議中，團隊成員質問資訊長，為何唯獨不糾正弗瑞德的行為。資訊長表示他了解問題的嚴重性，並承諾會改善。

在接下來的幾個月，資訊長開始糾正弗瑞德的不當行為。同樣重要的是，其他團隊成員也開始當面督促弗瑞德。弗瑞德在失去老闆的袒護之後，最後決定離開這家公司。

結果，在弗瑞德離開之後，團隊的表現反而變得更好。資訊長把這樣的結果歸功於團隊新形成的互相督促風氣。

建立互相督促的風氣，並不常導致團隊成員求去。在大多數的情況下，團隊成員學會提高對彼此的要求，最後發現團隊的整體表現從此獲得提升。

當團隊成員互相督促提醒時，總會產生某種程度的不愉快。然而，就結果而論，在採取這種做法之後，所有成員都對團隊的團結氛圍與個人表現更加滿意。相形之下，一時的不愉快就微不足道了。

## 公開糾正，還是私下進行

時常有人問我，團隊領導者應該私下進行一對一的行為糾正，還是在會議中當著全體成員的面進行。雖然每個團隊的情況各異，但一般來說，我認為對於團結一致的團隊來說，行為的糾正最好在所有成員面前進行。這是因為當眾進行可帶來更多好處。

首先，在會議中進行糾正，可以讓每位成員從別人身上學到教訓，藉此少走一些冤枉路。其次，他們親眼看見團隊領導者糾正同僚的行為，這可以免去他們對於領導者是否真正善盡糾正之職的猜疑。最後，此舉可以強化互相督促的文化，團隊成員從此會以領導者為榜樣，指正其他同僚的不當行為。假如領導者與團隊成員私下進行糾正，其他人永遠都會猜疑，是否確實執行行為糾正了。最後可能導致無益的私下閒話，以及諸多揣測，如誰聽說了什麼人發生了什麼事等。

儘管如此，假如要討論的是比較重大的議題，或考慮是否要讓某個成員繼續留在團隊裡，情況就不同了。這樣的討論最好一對一進行，以維護被糾正者的尊嚴。不過，領導者最好讓其他成員知道，他這麼做是為了避免沒有建設性、甚至有害的猜測產生。

儘管督促糾正團隊成員的行為相當棘手且不愉快，但這麼做可幫助團隊與組織避免日後遭遇更痛苦的情況，付出更高的代價。此外，有助於團隊發展出最後一個關鍵行為：聚焦於結果。

## 行為五：聚焦於結果

建立互信、建設性衝突、做出承諾，與負起責任並互相督促，最終只為了一個目的：做出成果。這個說法看似顯而易見，但事實上，領導團隊的最大挑戰之一，就是對結果不夠重視與關心。

團隊成員最關心的如果不是組織的成果，那會是什麼呢？其中一個答案是：自己部門的成果。

有太多的主管似乎對自己的部門比較忠誠，也比較有感情。其他常見因素還包括：自身的職業發展規劃、爭取預算、爭取地位與自我意識。這些因素會導致成員不把焦點放在團隊的整體目標上。

有些人覺得太強調結果的做法似乎有點冷酷、缺乏人情味。但衡量一個優秀團隊與組織的唯一方法，就是看它是否能夠達成目標。

## 無法達到目標，就不是優秀團隊

有些主管帶領的團隊經常無法達成目標，但他們自認是優秀的團隊，因為成員之間的感情很好，離職率是零。對於這樣的情況，更精確的說法是：他們擁有一個大家喜歡暱在一起的平庸團隊，而且對失敗不太在意。換句話說，不論這個團隊對自我的感覺多麼良好、使命感有多麼高，假如他們鮮少達成目標，就不是一個優秀的團隊。

不過，我要提醒一點，營收和獲利不是衡量成果的唯一標準，即便是營利組織也是如此。至於成果與成就的定義是什麼，就要看每個組織成立的理由而定。

衡量的標準因組織不同而異，一個美式足球隊很可能用輸贏的場次；一所學校可能會用學生是否為下一個學業階段做好準備；一個教會可能會根據有多少教徒更加堅定信仰。這並不表示，這些組織不會用財務數字來衡量自身的成果，只不過對它們來說，財務數字不是最主要的考量。

一般來說，財務指標是營利組織的優先目標。從財務數字可看出，企業是否盡力服務顧客，達成使命。然而，即便在這樣的組織裡，也有其他與獲利同等重要的目標。有許多企業（通常是小型私人企業），每天可能會做一些無助於獲利成長的事，原因可能是他們認為這是他們該做的事，或是這麼做最終有助於提升自己的市場影響力。不論基於什麼理由，只要組織非常清楚自己的目標是什麼，也非常清楚自己為什麼設定這些目標，就是聚焦於結果。

## 一個團隊，只有一個分數

在衡量績效方面，團結與不團結的團隊，最大區別在於：是否由所有團隊成員共同承擔責任以達成目標。

在大多數的組織中，各個部門有各自分擔的目標。主管們因此往往認為，部門以外的目標與自己沒有太大關係。這種想法當然違背了團隊精神。一個真正的領導團隊，必須確認每個團隊成員都聚焦於相同的優先目標，朝著相同的方向前進。如果行銷部門認為自己的職責只是做好行銷工作，而其他部門也抱持各自為政的看法，這個管理團隊就無法發揮協同合作的功能。

這個道理很簡單，但絕大多數的領導團隊似乎沒有弄懂。

我十三歲的兒子所屬的足球隊，最近輸了比賽。兒子的隊友對我說，「我覺得自己沒有輸。」

「真的嗎？」我問他。「你為什麼會這樣想？」

他自豪地說出他的邏輯，「我是前鋒，我們這些前鋒踢進了三球，我們已經盡了我們的責任，是其他的防守球員失職，讓別人進太多球，我們才輸了比賽。他們才是輸球的人。」

這個邏輯非常荒謬。因為一個球隊只會有一個分數，更何況球隊裡每位球員都有防守的責任，只是以不同的方式去執行罷了，前鋒的防守工作，就是讓對方難以形成攻勢。

我委婉地向這個孩子解釋，最後，這孩子對我微笑，他明白自己原先的想法有多荒謬了。

這個觀念聽起來似乎很簡單，也很容易接受，但事實並非如此。有太多主管沒有意識到，自己所做的決定，會對組織的其他部門產生多麼大的影響。他們也沒有理解到，他們對自己的時間、精神以及對資源的分配，會影響組織的整體表現。

有個很好的比喻，可用來說明他們抱持的態度：有個漁夫看著坐在船的另一頭的漁夫，對他說，「嘿，你那邊的船快要沉了。」

優秀的團隊會讓每位成員盡全力確實達成團隊的共同目標，不論他們各自的職責與專業是什麼。這意味當其他部門出現危及整個組織的問題時，他們必須提出難以啟齒的問題，問他們那邊發生什麼事，並盡全力幫忙他們解決問題。

## 組織利益第一，部門需要第二

團隊領導者若要建立起這種共患難的精神，唯一的方法，就是確定所有成員都把領導團隊的重要性，放在自己部門的前面。許多具高度團隊精神的主管向我坦承，他們雖然對領導團隊做出承諾，但實際上更看重自己的部門利益。

他們的理由是：自己的部屬是自己親自聘雇的，他們彼此的辦公室近在咫尺，每天花許多時間相處，所以更喜歡自己帶領的團隊。更重要的是，他們覺得必須忠於自己帶領的員工，這些員工需要他們的保護。

有這種想法是可以理解的，但也非常危險。當領導團隊成員對於自己帶領的部門有更高的責任感與忠誠度時，這個領導團隊就變成了美國國會或是聯合國：一群人聚在一起，為了自己所屬的團體利益遊說他人。

一個體質健康的組織，它的領導團隊不會以這種模式運作，而是採取更困難、但更重要的做法：將領導團隊的需求當作第一優先，其次才是自身部門的需求。唯有如此，他們才能做出對整個組織有益、提升組織績效的明智決定。」

## 不再各自為政，團結力量更大

我們曾與一家大型企業的資訊長合作。這位資訊長對於領導團隊成員完全以自己部門的工作優先、對其他同僚的部門漠不關心，感到非常頭痛。在這個領導團隊裡，幾乎看不見協同合作的氛圍。可想而知，這個資訊單位的整體績效與聲譽並不理想。

為了解決這個問題，資訊長宣布要以明確的鐵腕措施，讓團隊成員把領導團隊放在第一優先位置。這些措施包括把所有成員的辦公室移到公司的育成中心大樓，和資訊長的辦公室位在同一個樓層。她還要求團隊成員每天早上一起開五分鐘的會，以建立工作與私人關係。這種關係是扭轉現況的必要條件。

團隊成員一開始都相當抗拒這個新措施。他們不想離開已經待得很習慣的部門，而且擔心部屬會覺得自己被主管拋棄了。不過，因為這是長官的命令，他們只能無奈地遵從。

幾個月之後，團隊成員的行為、團隊產生的協同作用，以及全單位的整體績效都產生了驚人的進步。

「我們變成了一個新的團隊，有共同的目標，而不再是一堆部門各做各的事。我們一點也不想回到原來的工作方式。」一位團隊成員這麼說。「連我自己的部門在看到我們變成團結一致的領導團隊後，也受到正面影響。」

我們見證過許多團隊，當他們把領導團隊視為第一優先後，所產生的驚人效果，往往令領導者感到非常驚奇與滿意。

我們公司的一位顧問曾與一所精神療養院的執行長合作，這位執行長已經受夠了各個主管自掃門前雪的作風。我們的顧問與這位執行長合作了幾個月，一同設法讓團隊把重心轉移到組織的整體目標上。

這位執行長對於最後成果的看法，足以說明一切：「以領導團隊為優先的觀念，在我們的團隊裡創造了一個共同的語言與認同感。這個觀念讓團隊成員把個人目標與關注焦點放在一旁，以組織的整體利益為優先。我真心相信，這個觀念讓我們的管理團隊在複雜的工作環境中團結起來，不致因為日常工作的各種挑戰而分崩離析。」

## 檢查表：領導團隊是否團結一致

假如領導團隊的成員做到下列事項，就可確信已掌握這項原則。

- ☑領導團隊的人數，在能做有效溝通的規模（三至十人）之內。
- ☑團隊成員彼此信任，願意當眾坦承自己的弱點。
- ☑團隊成員經常針對重要議題，毫不保留地展開建設性衝突。
- ☑團隊成員在會議結束時，對會議做出的決定有清晰、積極且明確的共識。
- ☑團隊成員會彼此督促實踐承諾、互相糾正不當行為。
- ☑團隊成員以領導團隊為優先，組織的共同目標與需求第一，其次才是自己部門。

以下兩種組織環境，你會想在哪個環境工作？

組織A：領導團隊成員有共同目標，信守相同的價值觀。他們有明確清晰的成功計畫，知道自己與競爭對手的差異。他們在任何時刻都可以清楚說出團隊的首要共同目標，也了解其他團隊成員為達成目標，做出了哪些貢獻。

組織B：由一個配合度高的團隊領導，所有的團隊成員都非常了解自己部門的一切運作。但他們沒有花太多時間思考與討論，組織存在的目的，或是推動自己行為的價值觀到底是什麼。他們雖然時常說要有策略，卻說不出一個簡單明瞭的組織策略，也沒有一套一致的方法可用來評量組織決策的成效。這個領導團隊永遠在執行一長串折衷後的目標，其中有些目標可能互相牴觸，而絕大多數的目標分別由少數幾位成員承擔。此外，大多數的團隊成員對於其他同僚的職責，所知相當有限，也不太有興趣。

相較於第二個組織，第一個組織擁有什麼競爭優勢？為了在現實世界中取得這樣的競爭優勢，你願意投入多少時間和精力？

下一章的內容，將幫助你做出明智的選擇。

# 3

# 管理金律二：創造組織透明度

問六個關鍵問題：為什麼？如何做？做什麼？怎麼贏？什麼最重要？誰該做什麼？同時，別再說廢話了。

釐清核心問題，創造組織透明度，是打造健康體質的另一個管理重點，目的在於讓整個企業或組織的步調一致。我們經常聽到企業領導者、企管顧問與管理大師談到這點。但令人遺憾的是，真正做到的少之又少。

要做到步調一致，關鍵就在釐清一切，不讓內部存在混淆不清、自亂陣腳、自我矛盾的情況。毫無疑問的，釐清情勢的責任，就落在領導團隊身上。

然而，絕大多數的主管卻誤以為組織無法做到上下步調一致，問題根源是出在個人的行為或態度問題。在他們看來，問題在於部屬不願意合作。這些主管沒有意識到，即便員工願意合作，假如領導團隊在特定問題上沒有一致看法，組織就無法真正做到上下一心，步調一致。

高層主管之間如果存在巨大歧見，一定會阻礙組織的整合與成功。但還有個更常見的情況是，領導團隊低估了高層步調不一（哪怕只是輕微的不同），可能造成的影響，他們也錯估了主管之間的理解差異就算是很微小，也可能對整個組織造成很大的殺傷力。這種誤判，往往才是最致命的。

企業主管往往以為，因為自己的態度夠成熟，所以在看似「不那麼重要」的議題上，可採取「各持己見，接納分歧存在」的做法，藉此省去不必要的爭論與衝突。他們以為成員之間的意見差距相當微小且無害，他們未料想到，坐視那些微小差距不管，會讓底下的員工與其他部門的同事陷入兩敗俱傷的戰爭。而這種情況也會導致組織內無法真正做到充分授權。

不論企業主管已說過多少次要充分授權，假如員工無法從高階主管那裡獲得清楚一致的訊息，他們就無法真正得到充分授權，以善盡他們的職責。員工不得不在主管意見不一的紛爭與混亂中，每天努力尋找出路以解決問題，這恐怕是最令他們感到挫折的事了。

領導團隊成員之間的微小歧異，往下延伸一、兩個階層之後，這個歧異可能就擴大到讓員工無所適從，在組織內形成「渦旋效應」。這種效應對組織運作影響極深，讓組織上下無法真正做到步調一致。而**沒有上下一心的拚勁，可能遠比沒有市場機會，更是企業的成長限制！**

究竟該怎麼有效釐清狀況，以便做到步調一致呢？回答這個問題之前，必須先了解，不這麼做，會是什麼情況。

**別再說廢話了！**

自一九八〇年代以來，許多企業對於釐清狀況與步調一致所做的努力，只做了一件事，那就是端出公司的使命宣言。但這種宣言並沒有多大用處。

大多數的使命宣言既無法激勵人心去改變世界，也無法精確說明組織存在的意義，更無法幫助組織裡的人員釐清狀況、步調一致。

一家知名企業員工T恤上有以下文字，猜猜看這是哪一家公司的使命宣言：

企業以周延的採購決策，提供顧客高品質的產品和專業知識。我們致力於以最高標準的正直品格與顧客滿意自我鞭策，提供高品質的產品與服務。我們與員工建立長期而專業的關係，讓員工引以為豪，同時創造出穩定的工作環境與企業精神。

這樣的使命宣言似乎很常見。但告訴你吧，這是美國經典情境喜劇「辦公室風雲」的主要場景Dunder Mifflin紙業公司的使命宣言。沒錯，這是在反諷現實世界裡充滿虛有其表的言論。但有許多企業大廳上的使命宣言，其實和上述宣言大同小異。

光靠一長串空洞的行話，以及堆疊令人憧憬的詞彙，是無法釐清狀況，讓公司上下步調一致的。企業領導者無法單靠製作T恤或標語，就達到激勵員工、宣導理念、提振士氣，以及為公司做好行銷與定位。要釐清公司狀況，需要一套嚴謹的方法才行。

## 問六個關鍵問題

要讓員工對公司有清楚認知，領導團隊必須對六個最簡單、但也最重要的問題，取得共識。這六個問題一點也不酷炫。唯一特別的是，這些問題缺一不可，必須一一回答。假如對這些問題的答案不一致，就無法讓組織釐清自身狀況，進而建立健康的體質。

- 為什麼？
- 如何做？
- 做什麼？
- 怎麼贏？

- 什麼最重要？
- 誰該做什麼？

領導團隊成員要先對這些根本問題，提出清晰一致的答案，不濫用行話和花俏的語言，才能打造健康體質。**常勝軍的所作所為都出自體質優勢**，要扭轉舊習，必須踏出這最關鍵的一步。

就和本書提到的其他觀念一樣，要回答這些問題，不需要高深的智慧，但最困難的是，必須具備幾個條件，才能找出真正的答案。

首先，組織高層必須團結一致。要讓所有團隊成員對這些問題的答案達成共識，必須先經歷激烈的對話。團隊成員若不夠團結，就無法產生這樣的對話。

其次，認清這是個高難度的挑戰。在思考這些問題時，高層主管們很容易落入行銷思考或發想口號的慣性，拚命設法構思動聽易記的話語，或是讓人印象深刻的句子。這是失焦的徵兆，顯示他們忽略了真正的目的：釐清狀況，以及讓上下步調一致。

最後，回答這些問題需要花一點時間。雖然不用花上好幾個月，但需要在開會前幾天和之後的幾個星期，做一些深入思考。團隊要花足夠的時間，聚在一起討論這些問題，確保每位成員完全明白答案背後代表的意義且形成共識。

這些問題的答案沒有對錯可言，條條大路通羅馬。重點不在於得到正確答案，而是得出一個答案——方向正確且所有成員願意投入心力去達成的答案。

## 審時度勢做調整，比追求完美重要

沒有所謂的正確答案，這個觀念讓許多組織無所適從。許多主管受到學者、分析師與產業權威人士的誤導，以為企業成功，必須仰賴精準的專業知識與決策。媒體報導的成功故事，最後結論似乎總是導向「成功來自用對策略」，但其實這些成功企業的領導者認為，他們的強項不在於找出正確解答，而是找出「當下最適用的答案」。媒體報導的後見之明誤導了人們，以為專業與精準才是關鍵，忽略了審時度勢，釐清狀況再做調整的重要。

多年前，我曾聽說軍中有個說法：有個計畫總比沒有任何計畫來得強。巴頓將軍曾說，「可以立刻積極執行的普通計畫，好過下星期才出爐的完美計畫。」這些名言印證了我在許多挫敗的領導團隊身上看到的狀況：領導團隊為了等待完美的答案出現，寧可坐視公司一團混亂，領導者失去威信，組織表現下滑，也不願趕緊面對現實，釐清狀況，做出調整。

我曾在一家大型企業工作，這家公司的行銷主管總是抱怨執行長沒有決斷力，「他到底要等到什麼時候，才要公布公司的策略方向？」後來，董事會因故撤換了執行長，讓這位行銷主管接手。他剛上任的幾週，我們委婉地問他，是否已準備好要宣布公司的新方向。

「還沒，」他對我們說，「有一些想法尚未成形。」

我們決定給他一些時間。但在接下來的幾個月，他始終在拖延。當我們鼓勵他訂定公司的發展方向時，他告訴我們，「市場已經發生變化了。」在此同時，員工抱怨連連，競爭對手超越了我們，公司卻未採取積極作為去回應，只因公司領導者尚未找出完美計畫。

九個月後（真的等了九個月），全公司仍然得不到一個清楚的發展方向。關於釐清公司狀況，這位執行長只做了一件事：為了行銷目的寫的一句口號。

我的意思並不是要領導者急就章，不思考方向是否正確，隨便找個答案就好。這當然很荒謬。我想說的是，假如領導者一定要找到完全正確的答案才願意做決定，他帶領的企業就注定是個平庸企業，甚至很可能會失敗。這是因為組織必須從做出決策中學習，錯誤決策也是學習的一部分。

在決斷之後，領導者立刻可從他們的行動得到明確回饋，然後藉此調整組織方向，趁競爭對手執著於理論性分析，遲遲得不出明確計畫，還沾沾自喜以為自己沒有犯錯時，明快的擊敗無決斷力的競爭對手。

懂得釐清自身現狀，以追求組織健康的領導者，必須回答六大關鍵問題。

## 問題一：我們為什麼存在？

要回答這個問題，領導團隊必須界定企業或組織存在的目的是什麼，也就是創立組織的核心目的。柯林斯（Jim Collins）與薄樂斯（Jerry Porras）在他們的經典著作《基業長青》（*Built to Last*），率先提出這個概念。他們兩人主張，長青企業或組織都非常清楚他們當初創立的根本原因與組織存在的意義，而且不忘初衷。這個認知讓他們不會迷失方向。

我非常認同柯林斯與薄樂斯的看法。只可惜，在我的顧問生涯中，我看過太多領導團隊未能真正領悟這件事。這些領導者只會拿出平庸的使命宣言，毫無激勵效果，既沒有崇高理想，又說得不清不楚，沒有任何實質作用。

組織的核心目的（存在意義），必須具有理想性。這點極為重要，但許多領導團隊卻非常抗拒，擔心讓人覺得太崇高、太偉大。不過，這正是重點所在。

不管在哪個行業、位居什麼職位，每個人都渴望自己做的事是有意義的。現代人已不甘於只為了金錢而工作，而是希望每天辛勤的工作是有意義、有樂趣的。**激發員工的工作動力，必須從更高層次的需求著手。**員工也想知道，公司的崇高理想如何確實轉化為具體的策略性活動。

想要找出組織的存在目的，領導者首先必須有個觀念，那就是所有的組織都是為了改善人類生活而存在。這個存在的目的，是所有員工、顧客一致認同的，因為大家對提升生活品質都有期待。

這並不表示，所有的組織都能大幅改善人類生活，也不表示，可改善全人類的生活，事實上，每個企業或組織的服務對象，通常是一群人。每個組織都是為了提升某一群人的生活品質，如果不是如此，這個組織也很難生存下去，根本不該存在。

任何組織都可以找出自身存在的具體理由，接下來的挑戰，就是好好的陳述這個理由。如果做不到，就不能期待員工在完成任務與保住工作之外，還覺得自己的工作是有意義的。

你的公司很可能一直未明確界定自己存在的目的。我發現，絕大多數的企業都是如此。我也發現，即便是自以為已經做到的公司，也沒有採取必要的嚴謹態度，並達成明確的結果。

這會導致兩個問題。一是團隊成員無法真心認同公司存在的目的，充滿行話的空洞宣言就此產生；另一是這些主管不認為公司存在的目的，與他們日常的決斷和營運的方式，有任何實質上的關係。

由於欠缺崇高理想指引，只能對眼前的事做出回應，玩弄心機、投機取巧，投入各式各樣追求短期利益、但彼此互相衝突的日常活動與計畫中，最後迷失方向。而原本對工作專注、充滿熱情的員工，也從此變得心灰意冷。

有些領導者會說公司存在的目的，就是為了幫老闆和股東賺錢。但這根本不能算是目的，只能說是達成目標後的結果之一。

## 找出生存的目的

在界定企業或組織存在的目的之前，最好留意以下幾件重要的事。

首先，領導者要認清，回答這個問題，只是釐清狀況的開端。他們接下來還有機會以比較務實的方式闡釋組織的策略。意識到這點之後，他們就可以在回答這個問題時，放膽談理想，而不會把太多策略性、現實面的因素納入考量。

其次，組織的存在理由必須是真實不虛，是創辦人或經營者的真正動機，不是光說好聽話而已。對於有數十年歷史、從未釐清自身存在目的的組織來說，要回答這個問題可能有點困難；如有必要，他們需要再造組織，重新定義組織存在的目的。

第三，界定組織存在的目的並不是一種行銷手法，而是為了釐清組織狀況，確保上下步調一致。領導者最後需要把這個目的告知組織裡所有的人，甚至在適當的時機對外公開。但有個常見的危險做法是，領導者誤以為界定組織的存在目的就是要想出一套漂亮的說詞，好製成標語、放進年度報告，或是印在員工T恤上。

我一再提醒領導者，即使沒把公司的核心目的寫下來或是正式向員工公布，只要這個目的確實存在領導團隊的核心價值之中，就能為團隊的決策與行動指引方向。久而久之，公司的員工與顧客自然會看見這個核心目的，根本不需要標語或T恤的空洞宣傳。

**一個組織要如何找出自身的存在目的？先問自己一個問題：「我們如何讓這個世界變得更美好？」這是釐清過程的開端。**

一般來說，領導者直覺提出的第一個想法往往還不是真正的答案。例如：我們協助企業善用科技以便完成更多交易；我們在人們家裡鋪設車道，讓他們方便進出；我們教孩子怎麼做好功課。

這些答案是個起頭，卻還無法彰顯真正的理念。正如薄樂斯與柯林斯說的，這些領導者接下來要一再問自己下一個問題：「為什麼？我們為什麼要做這些事？」直到他們找出最崇高的目的或理由。「我們為什麼要協助企業透過科技與它們的合作夥伴完成更多交易？我們為什麼要在人們家裡鋪設車道？我們為什麼要教孩子怎麼做好功課？」

領導團隊必須一層又一層的深入探索，直到找出組織存在的崇高目的。

## 想清楚是為誰服務？

組織存在的目的，可分為幾個不同的類別，這些類別沒有好壞高低之分。但有助於組織釐清最終的服務對象是誰。

**滿足顧客：**重點在於直接滿足顧客或主要服務對象的需求。舉例來說，某家飯店之所以成立，純粹是因為創辦人喜歡服務顧客。換句話說，它存在的目的，是取悅上門的顧客。

這個認知對領導者有什麼意義？假如顧客提出需求，這家飯店就應該設法去滿足，這樣才算忠於它存在的目的。此外，這家飯店也不該雇用不喜歡服務顧客的員工。

美國連鎖百貨諾斯壯（Nordstrom），就是個好例子。它所做的每件事，都是為了服務顧客，這不是為了趕流行，它當然必須掌握流行趨勢，但它存在的目的，更是為了竭盡所能為人們提供他們想要的東西。

**融入產業：**重點在於完全融入某個產業。再以飯店為例，假設這家飯店之所以存在，是因為創辦人熱愛飯店業。這家飯店就不該去嘗試與飯店無關的事業，也不該雇用不認為飯店業很酷的員工。

有許多小型企業屬於這個類別。他們就是喜歡這個產業的屬性，這就是創辦者草創公司的目的：做自己喜歡的事。

我們曾與一家德州馬術訓練公司合作，這家公司的創辦人兼執行長在澳洲的牧場長大，他熱愛與馬有關的一切。因此，他界定出來的企業目的，就是「激發馬術師的夢想」。這家公司做的每件事，都源自對馬以及愛馬人士的熱愛。

**崇高的使命：**重點不一定在於組織做的事，而是組織認同的理念。舉例來說，一家飯店的存在可能是因為創辦者熱愛度假，或是因為飯店可以讓人體驗奢華的感受，或是飯店可以賦予特殊的日子一些特別的意義。

重點不在飯店本身，也不是讓顧客開心，它之所以存在，是因為它相信飯店可以讓某些珍貴的理念或事物成真。同樣的，它雇用的員工也應該要認同這份對假期、奢華、慶祝特殊日子的熱愛。

西南航空（Southwest Airlines）存在的理由，就是為了讓美國人的航空旅行普及化。它相信搭乘飛機不該是少數有錢人的專利，所有人都應該可以搭機去參加家族聚會、度假、和外地客戶談生意，而且不需要花大錢。這就是西南航空創立的初衷。

他們為顧客提供服務嗎？當然。他們喜歡航空業嗎？喜歡。但這些都不是西南航空存在的根本理由。這家公司的領導者有個更崇高的使命，而這個使命影響了他們所做的每個決定。例如，他們致力於提供低價機票。違背這個承諾就等於違背了組織存在的目的，因為假如票價高到讓很多人負擔不起，航空旅行就無法普及。

**改造社區：**重點在於所做的事，讓某個地區變得更美好。例如，那家飯店之所以存在，是為了提供某個城市或地區的人辦活動或談生意的舒適場所，或是讓來訪的親友有地方住宿。這關乎社區的運作。這家飯店會盡一切努力，為社區盡份心力，而對熱愛這個社區的人來說，在這裡工作彷彿如魚得水。

在我的辦公室附近，有個青少年足球隊。這個足球隊的教練告訴我，他成立這個球隊的目的不在於教足球（當然，他本身熱愛足球），而是為了服務家鄉。他從小在這個城鎮長大，長大後回到家鄉，儘管附近已經有經費充裕、設備齊全的其他球隊，他仍然執意要成立一個足球隊。基於造福社區的承諾，他只招收當地球員，只和在地的團體合作。當然，就和其他的球隊一樣，他也想贏球。但就像公司想要賺錢一樣：贏球是成功的結果，但不是球隊存在的理由。

**照顧員工：**重點不在於為顧客、產業或是區域提供服務，而是關乎員工的幸福。也許某家飯店最想做的事，是給予員工優質的工作經驗，或是在當地為低收入民眾提供工作機會。因此，它所做的事、雇用的人絕對不能危害員工福祉。

我曾與一家專門鋪設車道的公司合作，剛開始，這家公司覺得要界定自己存在的根本目的很困難。公司的執行長兼創辦人想出了幾個不太吸引人的概念，例如：鋪設安全的車道，讓人們有地方停車等等。後來，他突然有個靈感，他告訴他的團隊，他創業的初衷其實與鋪設車道無關，而在於幫助到美國的第一代貧窮移民，讓他們擁有一份收入不錯的工作，這樣他們才有能力買下人生中的第一個房子，並供孩子上大學。

領導團隊的成員對於這個答案都感到訝異。執行長進一步說，假如鋪設車道的市場萎縮了，他也可以改做鋪屋頂、粉刷牆壁或是其他工作，只要能讓員工有工作可做、讓員工的家庭生計無虞就好了。

**創造財富：**重點在於為老闆賺錢。一家飯店存在的目的，有可能真的只是因為創辦人認為經營飯店是賺錢的好方法。這個目的會直接影響經營者所做的每個決定，所有的考量都是以獲利為出發點。

我很少遇到這類企業（它們大概不需要尋求我們的協助），有些創投公司與律師事務所可能屬於這個類別。他們絕不會做任何有損短期利益或報酬的事，至於顧客與員工，在他們眼中，可能只是達成這個目的的工具。

假如這是組織存在的真正理由，領導者應該向員工坦誠，而不是浪費時間進行一大堆無意義的對話，那只會造成員工認知上的混亂與質疑。員工有權利知道事實真相。

## 釐清現實，而非區分彼此

在相同產業的兩家公司，它們存在的目的可能並不相同。而兩家分屬不同產業的公司，卻有可能基於相同的理由存在。例如，醫院與按摩師存在的目的，很可能都是消除或減緩人們的痛苦，而園藝師與藝術家存在的目的，都是為了幫助人們進入美感世界。

要留意的重點是，探討組織存在的理由，並不是為了與其他組織做出區別，而是為了釐清組織自身的狀況，以這個目的引導組織向前邁進。愈想要利用組織存在的目的，來與其他競爭者做區分，反而無法找出自身存在的真正目的。

界定存在目的的過程，往往不是那麼條理分明。這是一門藝術而不是科學。

領導者需要花一點時間，進行大量對話。你不必在最短時間內得出答案，你的目的是發掘組織存在的真正理由。而這只是釐清組織狀況的六個步驟中，你要採取的第一步而已。

## 問題二：我們該怎麼做事？

談到「不寬容」，通常帶有負面意涵，但若要釐清狀況，達到組織上下步調一致，這卻是必要手段。畢竟，組織要是對什麼事都寬容，就會變得毫無自己的主張。

我們該怎麼做事？這個問題的答案，就藏在組織的核心價值裡。組織的核心價值會引導所有員工的行為，朝某個方向發展。

柯林斯與薄樂斯在《基業長青》也提到這個觀念。他們透過研究發現，長青企業會嚴守基本準則，長期做為指引行為與決策的依據，藉此保留組織精神。

組織的價值觀對於釐清自身狀況，進而創造健康的組織至關重要。因為它定義了企業性格，同時指引員工行為，可以減少成效不佳又打擊士氣的微管理。

此外，組織能夠界定自身的價值並貫徹執行，自然會吸引對的員工，並促使不對的員工自動求去。這使得聘雇工作變得更輕鬆且更有效率，同時大幅降低員工流動率。

價值觀影響的不只是員工，也會影響顧客，吸引有相同價值觀的顧客上門。例如，重視創造力的顧客通常會選擇有創新精神的組織，比起花大錢投入廣告、公關與客戶開發的行銷活動，確立清楚的價值觀，成效更好。

## 價值觀不是空洞的口號

柯林斯與薄樂斯的觀念深受企業界認同，許多領導者因此決定要找出企業的核心價值。只可惜，許多領導者誤解了兩位作者的意思。當他們結束外地會議，卻只得到一長串空泛無趣的文字，然後製成海報和T恤，並放上公司官方網頁。

結果往往導致員工（甚至是顧客）有如霧裡看花，心中充滿挫折感，甚至對這種做法嗤之以鼻。

這些領導者犯了一個錯誤，那就是他們想要取悅所有人，以致他們想出的價值宣言變得空泛且無所不包。有很多情況是，主管進行意見調查，詢問員工認同什麼價值，讓他們進行投票。然後，設法統整所有的意見，最後得出公司的價值觀。用這種方法來界定核心價值，是非常糟糕的，理由後面會說明。

假如某個組織有九大核心價值，包括顧客服務、創新、品質、誠實、正直、環保責任、工作與生活取得平衡、財務責任以及尊重個人，這個組織不可能依據這些價值做出決策、聘雇員工或制訂政策。說穿了，沒有任何一個行動、應徵人選或政策可以符合這九大標準。

這會導致問題叢生。當領導者最後發現這些價值觀無法實際運作時，他們往往就把這些價值觀拋在腦後。在他們心中，價值宣言只是內部行銷的工具，甚至是宣傳口號。

要為公司找出適當的價值觀，須先了解價值觀的類型（我幾年前曾在《哈佛商業評論》以這個主題發表文章）。在所有價值觀當中，核心價值是最重要的，

## 圖5 ｜ 四種類型的價值觀

千萬不可與其他價值觀混淆。

## 核心價值

有少數幾項（兩到三項）行為特質是組織草創時就存在的，這種核心價值不會隨時間改變，而會與組織共存亡，是不能更改的。

核心價值不是權宜之策，無法與組織分離，就像你無法把一個人的良心自他的身體抽離出來一樣。也就是說，從聘雇與解雇員工，從策略擬定到績效管理，核心價值是指引組織所有活動的最高行為準則。

## 不隨便迎合每個人

我們曾與一家堅守企業文化的航空公司合作。這家公司有三個核心價值，其中之一是幽默感。

不論哪個職位，這家公司絕不雇用沒有幽默感的人。這個做法足以證明幽默感確實是這家公司的核心價值。公司的領導者鼓勵員工發揮幽默感，就算偶爾會惹得某些毫無幽默感的顧客不高興，他仍然力挺他的員工。

有一次，有位乘客寫信給該公司的執行長，抱怨一位空服員在做起飛前的安全檢查時亂開玩笑。她覺得很生氣，因為這位空服員居然在做安全檢查這麼重要的事情時，還在搞笑。

大多數執行長大概都會感謝那位乘客花時間給公司忠告，並向對方保證，日後絕對不會發生這種事。我想，任何人都會覺得這樣的反應合情合理。

但這家公司的執行長並沒有這麼做，在查明原由後，他沒有向抱怨的顧客道歉，也沒有要求被點名的空服員收斂行為，他只回給對方簡短幾個字：「我們會想念你的。」

從這起小事件來看，應該沒有人會再質疑幽默感是這家公司的核心價值了。

請不必擔心，這家公司就和其他優良的航空公司一樣，是非常重視飛航安全的公司。

## 標竿價值

這是企業或組織原本不具備、但現在希望擁有的特質。組織成員相信自己必須擁有這些特質，才能在現今的大環境中成功。

標竿價值是企業或組織渴望得到的特質，組織成員會盡一切努力，讓這些特質融入組織之中。然而，由於這些特質不是組織創立時就存在，所以必須靠人為努力納入組織文化。千萬不要把標竿價值與核心價值搞混了，核心價值不會隨時間改變，也不會隨組織需求改變而產生任何變化。

## 與時俱進，需要具備新特質

我曾與一位執行長合作，協助他界定公司的核心價值。當我請他舉出一個公司的價值觀時，他毫不猶豫地回答說「急迫感」。這讓我有點意外，因為我與這家公司的員工曾有過短暫接觸，他們從來不曾給我這樣的感覺。

當我問他，是否認為公司裡隨處都可感受到急迫感，他回答說：「就是太缺乏了，所以，我才要讓急迫感成為公司的核心價值。」

我們建議他，可將「急迫感」制訂為公司的標竿價值，並盡一切力量將這種精神注入公司的日常營運中。但他們要注意，不要誤把它當作核心價值，這只會引發員工對公司的做法嗤之以鼻，因為員工們心知肚明，在這家公司並不存在這種特質。

把核心價值與標竿價值混為一談，是許多企業常犯的錯誤。領導者必須非常清楚兩者的差異。

## 成為頂尖，不必出賣靈魂

有一家小型顧問公司是基於謙虛與熱情的價值而創立。這家公司雇用的每一個員工，都必須通過這些價值觀的篩選，而公司所做的每個決定，也都會根據這兩個價值觀加以檢驗。

當這家顧問公司的業務量增加時，它發現原本的機動性、鬆散的工作方式，並不適用在規模擴大後的組織，因此需要做些改變。簡言之，公司的營運需要更加專業化與制度化。

公司的創辦人知道專業化與制度化並不是公司創立時的初衷，於是決定把「專業化」制訂為公司的標竿價值。這表示他們要聘請的新主管，必須有能力與經驗來建立一套更成熟、更有制度的顧問營運模式。當然，新主管也必須體現公司原有的核心價值，因為該公司的總裁曾說，「雇用一個不具備謙虛與熱情特質的人，就等於出賣我們的靈魂」。

後來，這家公司聘請了一位副總裁，這位副總裁符合公司的核心價值，同時將專業作風引進公司。但他們都知道，這套新做法是後來加入的，必須隨時提醒自己用新方法做事，唯有如此才能讓公司持續成長。

### 基本價值

常見的基本價值包括誠實、正直和尊重他人。這些價值觀是組織要求的最低行為標準，極為重要，但不能做為區別自身與其他組織的指標。假如你覺得這些要求聽起來很普通，那是因為許多公司都有類似的價值宣言。這也是為什麼我們必須將基本價值與核心價值區分開來。

## 忠於正直

有一家新創科技公司的領導團隊，堅持要把「正直」放入公司的核心價值（我們有很多客戶都是如此）。

他們的理由是，他們絕不雇用在面試時說謊或是在履歷放入不實內容的人。我們向他們解釋，大多數的公司都有類似規定，除非他們願意提出比別人更高的要求標準，並在面對嚴峻的市場挑戰時仍然堅守立場，否則就應該把正直列為基本價值。

他們一開始並不接受這個建議，並且說「如果不把正直列為核心價值，大家就會以為我們不重視它」。

在接下來的會議中，主管們討論到用較為取巧的方式來搜集專業機密情報是否可行。我們趁機提醒他們，一旦將正直列入公司的核心價值，這個變通方法就絕不可行，因為他們必須遵守比一般更高的道德標準。最後，他們將正直列入基本價值。

## 無意中形成的價值觀

這種價值觀指的是：組織在無意間產生的某種特質，這種特質在組織裡顯而易見，但不一定對組織有益。許多企業會逐漸發展出某些行為傾向，而這些傾向是由於歷史因素，或是由於雇用有相似背景的人造成的。例如，某個組織裡所有的人有一天猛然發現，幾乎公司裡的所有員工都有相同的特質：相近的社經地位、個性內向或是外表俊美。此時，他們應該自問，公司總是雇用中產階級、內向且外表好看的員工，是刻意還是在無意間造成的？

企業領導者要特別留意，不要讓這種無意間形成的價值觀在公司生根，因為這些價值觀有可能會把新點子或是不同類型的員工擋在門外，有時甚至會因為排除新觀點或潛在顧客，而阻礙公司發展。

## 辦公室的嘻哈風

我們曾在某服飾公司創立初期，協助它界定出三項核心價值。從此以後，這家公司就謹慎地按照這些核心價值營運。

幾年後，我們再次拜訪這家公司。這家公司已成長不少，而且雇用了數十位新員工。但這些新進員工讓我驚覺到一件事：他們全都是二十出頭的年輕人，而且穿著相似的現代嘻哈風黑色服飾。

我問執行長，「你們什麼時候採用了新價值？」

他對我的問題似乎感到很困惑，於是我向他指出，他們公司雇用的人似乎都符合某個年齡層的風格特徵。他那時才發現，公司在無意間感染了某種年輕人的嘻哈文化，但這種文化與他們的基本顧客群沒有任何關係，而且有可能導致公司無法吸引其他類型的人前來應徵。於是，他們立刻採取行動，重新檢視他們的聘雇與決策流程。

## 你的核心價值，說明你有多獨特

要把核心價值與其他價值（尤其是標竿與基本價值）區隔開來，必須回答一些不容易回答的問題。

例如為了區分核心價值與標竿價值，你可以問問自己：這是我們本來就有的、一直存在組織裡的特質嗎？或是經過努力才擁有的？核心價值必須是組織裡長期存在、顯而易見且人人自然而然信守的價值觀。

我們也常把基本價值和核心價值搞混了。最好的分辨方法是問：我們可否有憑有據地宣稱，我們比業界其他九九%的公司更認真看待這個價值？假如答案是肯定的，那麼它可能就是你們的核心價值。

假如答案是否定的，就可能是基本價值。基本價值也很重要，而且應該用來篩選員工，但它無法讓你的公司與其他公司區分開來，也無法描述你的公司有哪些獨特之處。

我要強調，領導者之所以需要知道價值觀的類型，是為了避免領導團隊將核心價值和其他價值混淆，或是忽略其重要性。

界定核心價值的另一個關鍵，是如何為這些已界定出來的核心價值命名。命名很重要，但千萬不要過度玩弄文字遊戲，而是要找出能夠有效描述這項特質的用語。

根據我的經驗，選擇一般人不常用、但更貼切要點的用語，效果最好。因為一般人對常用詞語往往有先入為主的觀念，以為自己已了解它的意涵。一旦選好名稱或說法，就要盡可能以最生動的說明來描述這個特質。最好的方法，就是舉出一個能夠代表那種價值觀的行為實例。

## 以掃地清潔工自居

我曾與一家新創公司合作，這家公司的一個核心價值是「願意掃地」。大多數企業大概會以「努力工作」來描述同樣的概念，但這種描述不夠明確，每個人都可自由表述。

這家公司以「願意掃地」做為核心價值，它的執行長想要凸顯的是，每個員工不分身分地位，都願意做任何事來幫助公司成功。換句話說，在這家公司，工作沒有高低之分，只要公司有需要，即便是最高主管，也願意做最低階的工作。

這個描述非常直截了當，每個人都能理解當中意含。結果就在領導團隊制訂這個價值觀的隔日，一位團隊成員就決定辭職，因為他知道自己做不到。

選擇像「創新」或「品質」這類常見字眼，也可能發生類似問題，每個人都有自己的見解，領導者就很難再傳達他的真正定義。

當然，最重要的還是組織真心想要建立自己的價值觀。不管用什麼詞彙，如果不能落實，最終只會招致員工對高層不信任。

一旦組織界定並描述自身的核心價值，並把各種類型的價值清楚區分之後，就「不可以寬容」任何違背這些價值觀的行為。它必須確保所做的每件事、雇用的每位員工、制訂的每項政策都符合組織的核心價值。這點非常重要，卻很少有組織確實遵從。

大多數組織任由價值觀變成高高在上的理念，而不是營運與文化活動的基石。其實最好的做法是，認真對待組織的價值觀，但不要設定太多的核心價值，以免讓這些價值觀失去應有的重要性與作用。在本書後面章節，我將會探討健康組織如何以人為本，透過多種方法把價值觀融入組織的制度與流程之中。

## 三步驟，清楚界定核心價值

領導團隊可透過三個步驟，為組織界定核心價值。

首先，找出最優秀的員工，並歸納整理出這些人最令領導團隊欣賞的特質。

然後，將這些特質列入核心價值的候選清單。

其次，找出能力強、但行事風格與組織格格不入的員工。這些人有很強的專業技能，但總是把人際關係搞得雞飛狗跳，他們如果離開，可能對組織比較好。

當領導團隊界定出這群人之後（遺憾的是，這群人比第一群人更容易界定），同樣要仔細研究。他們有哪些特質，導致問題發生？然後將這些特質的反義詞，列入核心價值的候選清單。

最後，領導團隊成員要坦誠面對自己，檢視自己是否符合候選清單內的各項特質。

一家快速成長的高科技新創公司的領導團隊，請我幫他們界定他們的核心價值。我帶領他們找出最能代表公司價值觀和最不能代表公司的員工，然後從中得出了幾項可列為公司價值觀的特質。

其中一項特質是「友善」。領導團隊成員一致認為，這是優秀員工具備的特質，也是不適任員工欠缺的。他們決定設法找出更好的方法來描述友善這項特質，使它在公司裡產生特殊意義。

我在這個時候介入，請他們進行第三個步驟，確定他們界定出來的所有特質都適用於自己身上，包括友善在內。

我問他們，「你們認為領導團隊以身作則，體現了友善的特質嗎？」團隊成員遲疑了一下，目目相覷。

我接著說，「和其他公司的領導團隊比起來，我並不覺得你們特別友善。」

這些主管停頓一會兒，開始大笑，並承認他們也不認為自己對人特別友善。

他們立刻剔除這項特質。如果他們執意把友善列為公司的核心價值，只會讓員工覺得他們很偽善。

試想一下，假如這些主管向全體員工宣導這個價值，並依照這個價值建立所有的制度，包括績效評估與聘雇條件，而他們本身卻不具備這項特質，那會是什麼情況？

但領導團隊的成員卻也都認為應該努力變得更親切、更友善，因為這是許多員工重視的特質。所以，更友善、更親和，可列為公司的標竿價值，但並不是原本就有的核心價值。

這三個步驟雖然沒有太多的科學根據，卻是一個可靠的方法。它可以在領導者對於組織的核心價值毫無頭緒時，找到參考的線索與方向。要找出組織的核心價值，無法光靠一次開會就辦到。通常需要領導者進行長時間的討論與自我檢視，以確信自己找出的特質正是支持組織屹立不搖的基石。

在回答前兩個問題之後，領導團隊可稍微喘口氣，因為接下來要回答的四個問題比較具體實際。

## 問題三：我們該做什麼？

這是最容易回答的問題，這個問題的答案，與充滿理想性的組織存在理由，形成強烈對比，你只要描述出組織正在做的事就行了。一點也不虛幻抽象，不需花俏動聽的詞彙，只需一句平實的話來定義組織正在做的事。我們把這個答案，稱為組織的營運定義（不是使命宣言）。

組織存在的理由，是要回答「為什麼？」，而組織的營運定義，則是要回答「做什麼？」回答關鍵在於清楚直接，讓領導團隊徹底了解，並精確描述組織營運的本質，讓公司員工不會產生任何混淆，在市場上也有明確的定位，就是這麼簡單。

描述組織的營運定義不難，只需十至二十分鐘就可以完成。有別於核心價值，大多數的主管對於組織從事的基本活動，都有非常清楚的認知。

儘管如此，當我請領導團隊成員用一、兩個句子各自寫下他們認為組織在做什麼時，往往發現，他們彼此之間的認知差距比我想像的還要大。

花一點時間確認每個人的想法完全一致，是非常值得做的事。

以下舉出幾個與我們合作的實例。這些描述並不是特別有趣，但正是重點所在。這個具體描述，結合組織存在目的，就可勾勒出組織所做的事，以及做這些事的理由：

- 電力公司：我們提供電力與天然氣產品與服務給全州居民。
- 信用卡公司：我們提供付款工具與信用給消費者。
- 硬體科技公司：我們開發、製造並行銷硬碟、固態硬碟和儲存系統，提供消費者、代工廠與企業使用。
- 生技公司：我們透過整合性科學，研究、開發、製造並大量生產更優質的藥品。
- 天主教會：我們為教區內的民眾提供聖禮、外展服務、諮商與信仰教育。如你所見，這裡沒有任何形容修飾用語，也沒有提到銷售管道或訂價策略。這類訊息屬於接下來要談的，也就是組織的策略。

值得留意的是，組織的營運定義可隨時間改變，不過唯有市場發生變化，並需要組織對自身從事的基本活動進行重大調整，才足以應付新狀況時，才會重新調整定義。以我自己的顧問公司為例，公司成立十五年以來，我們的組織營運定義調整了三次，但我們的核心價值與存在理由從沒改變過。

## 問題四：我們如何成功？

回答這個問題，其實就是在決定公司策略。只可惜，策略是運用最廣泛、但定義也最鬆散的商業名詞之一。企業主管、管理顧問和學者用這個詞彙來指涉各種不同的事物，以致後來我們每次使用這個名詞時，都必須先明確定義自己所指為何，否則別人可能和你認知不同。

多年前，當我剛創立自己的顧問公司時，有個客戶請我協助他的管理團隊制訂公司策略。但我當時心裡最想解開的問題就是：「策略到底是什麼？」我曾在一家策略管理顧問公司工作兩年，對這個問題，一直深感困惑。

我後來做了一些研究，閱讀了一些相關書籍，但這些書並沒有為我解惑。我們都以為策略是組織求取成功的計畫，是一家公司為了讓自己有最高勝算能蓬勃發展、並與競爭對手做出區隔，而刻意做出的一些決定。換句話說，每個刻意做出的一致性決定，都是策略的一部分。

但這樣的定義，對於企業的主管與員工來說，並不是特別有意義，也無法指引他們在日常營運中做出決定。我們後來發現，**要讓策略變得務實可行，最好的方法就是把它濃縮成三個策略基準。**

這三個策略基準可指引組織做出每個決定，同時是衡量所有決定是否一致的指標。此外，這些策略基準還可幫助企業避免落入急功近利與投機取巧的陷阱，這些陷阱往往會破壞企業求取成功的計畫。

## 品牌戰略

我們曾與一家生鮮農產品公司合作，這家公司決定以「維持頂級且高品質的品牌」，做為他們的三大策略基準之一。他們積極行銷，並費盡心思以最引人注目的方式在商店內陳列產品，以確保他們的高價策略成功。

不過，有時候從產地送來的農產品看起來並不是那麼美觀與可口。他們不想魚目混珠，把次級品混入高級品，於是決定在不同通路以不同品牌，來銷售這些品質略差的商品。當然，次級品售價會略低一些。

當頂級品缺貨時，他們不會拿次級品混充頂級品。這家公司的領導者寧可犧牲短期獲利，也不願損及公司的高價品牌，因為他們認為品牌是公司與競爭對手做出市場區隔，長期致勝的關鍵因素。

如果這家公司未將「頂級品牌」訂為策略基準，就可能以完全不同的方式來處理缺貨狀況了。

## 如何找出策略基準

要找出策略基準，最佳方式就是採取「逆向工程」做法，先找出關於組織的所有訊息，然後從中萃取精華。領導者要先詳細列出與公司現況有關的所有事實與決定，包含組織存在的理由、核心價值與營運定義等等。

下面以一個小型連鎖運動用品店為例，來說明這個過程。

假設這家公司已回答前三個問題：為什麼？如何做？做什麼？而他們存在的理由是：「讓人們盡情享受戶外活動」；核心價值是：「樂於助人、負起責任與讓顧客滿意」；營運定義是：「我們提供休閒與運動用品裝備，給大都會區與周邊居民」。

有了這三個關鍵定義之後，領導者接下來要回答的問題是怎麼贏？也就是找出策略基準。換句話說，如何透過獨特方式做出有目的與有意識的決定，以求取最大成功，並與競爭對手做出最大區隔？

領導者必須把任何想得到、跟組織有關的資訊，都列入這張清單內。我指的是所有的一切，包括產品訂價、聘雇、選址、行銷、廣告、品牌、銷售陳列、採購、結盟、產品選擇、店內體驗、服務、促銷、裝潢等等。我很確定還有些東西沒有被列進來。

以下是這家公司列出的清單：多樣化產品、聘雇態度符合公司文化的員工、有競爭力的低售價、季節性雇員、另類運動產品、代購滑雪纜車車票、以季節為主題的銷售陳列、員工折扣、非正式自製店內招牌、營業時間長、簡約不誇張的商品陳列、最低限度的廣告、免費心肺復甦訓練與其他醫療課程、積極贊助當地運動賽事、為球探和當地運動隊伍免費提供會議室、寬鬆的退貨政策、彈性雇用政策與工時、倉庫型地點、略優於業界的工資與福利、交通便利與停車方便、大都會地區有六家分店、員工訓練與生涯發展規劃、分店之間合作無間，以及設備租借等。

這張清單相當詳盡，也應該如此。你一定注意到了，有些項目有重複，而且沒有明顯或一致的分類標準。換句話說，它無所不包，這並無不妥。寧可重複與雜亂，也不要遺漏。

列出這張清單的目的，只是要把一切要素放上檯面（事實上是寫在白板上），讓領導團隊成員對公司的整體狀況有個概念。值得一提的是，當我們與客戶討論時，我們不會用線性排列的方式陳列清單。我們會在一大張白紙上畫一個變形蟲般的圖形，然後在裡面填滿各種詞彙。這種做法比較能夠看出各個詞彙之間的關係，這對下一步很重要。

接下來的步驟有點混亂、有點難、不太科學，但很好玩。領導者必須找出可以顯示組織的策略方向與基準指標的某些模式。換句話說，他們要設法把屬於某個主題或類別的項目集中在一起。波特（Michael Porter）也提出過類似流程，叫作「作業系統圖」（activity system maps）。

以運動用品連鎖店的例子來說，從清單上列出的項目可看出某個共同點，包括把店面設在占地寬廣的低店租建築內；花最少的錢在商品陳列與招牌製作上；做最低限度的廣告與傳統行銷；產品售價低。領導團隊可能可以根據這些共同點，列出一個潛在基準指標：「盡量省錢以降低售價」，或是「盡量降低固定成本」。不論怎麼描述，重點都是低售價與低成本。

同樣的，他們一定也可以把提供免費的心肺復甦課程、為當地的運動隊伍與球探免費提供會議室、便利的交通和廣敞的停車空間、贊助當地運動賽事，歸類為「激發愛鄉情懷，並成為社區居民的集會所在」。

最後，有競爭力的薪資、提供員工訓練、依照行為價值觀聘雇員工、彈性工時與政策、員工折扣，甚至是寬鬆的退貨政策，都可指向另一個基準指標：「為員工創造一個有彈性的正向工作環境」。（請參考「策略阿米巴」）

請記住，這個過程一定會有些雜亂無章，而且以動態的方式發展。領導團隊成員需要發揮判斷力與反思能力，有時還要運用直覺。不過，這個流程相當可靠，可以讓領導團隊形成共識並產生自信，知道該如何有意識地做出符合組織策略的決定。

每個組織界定策略基準指標的過程各不相同，但同樣都是從龐雜的訊息發想與彙整開始。

**產品戰略**

我曾與一家大型食品公司的甜食事業單位合作。在針對策略進行討論時，我們先從巨細靡遺的營運描述開始做起：直送店家的整合式運送模式、優越的品牌、以顧客為中心、創新、品質（口感）、隸屬於大型企業的優勢、以營運為競

圖6 | **策略阿米巴**

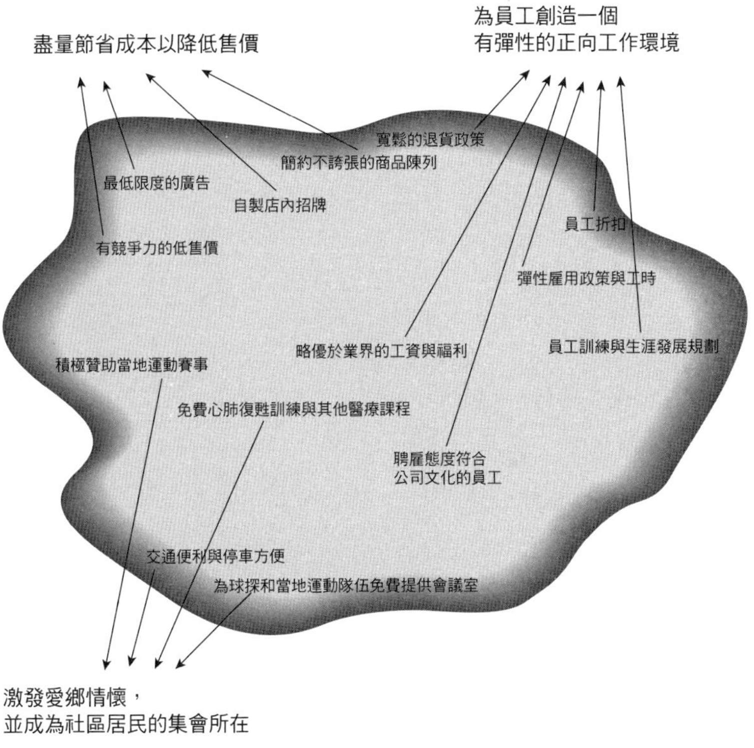
盡量節省成本以降低售價
為員工創造一個
有彈性的正向工作環境
寬鬆的退貨政策
簡約不誇張的商品陳列
最低限度的廣告
自製店內招牌
員工折扣
有競爭力的低售價
彈性雇用政策與工時
略優於業界的工資與福利
員工訓練與生涯發展規劃
積極贊助當地運動賽事
免費心肺復甦訓練與其他醫療課程
聘雇態度符合
公司文化的員工
交通便利與停車方便
為球探和當地運動隊伍免費提供會議室
激發愛鄉情懷，
並成為社區居民的集會所在

爭優勢、與私有品牌競爭、隸屬於母公司的事業部、頂級品牌、有趣的工作環境、利潤低、總部位於紐約、在美國有七座生產工廠、高品質、美國市場為主、營運複雜、優越的產品、運用店內行銷、多元品牌、顧客導向，以及積極運用先進科技。

接下來，領導團隊看著白板上列出的所有項目，尋找潛在的基準指標。為了給他們一些線索，我們問道，「這當中有哪個項目可做為所有決定的參考根據？」答案不會馬上出現，但一如往常，在五或十分鐘之後，他們就找出了幾個候選項目，同時也界定出幾個不可能成為策略基準的項目（例如總部位於紐約）。

當他們在討論可能做為基準指標的候選項目時，同時想出了如何以更好的方式描述清單項目，這也很好。我們提醒他們，這是個雜亂、非線性的過程，而這是有必要的。

每當有人提出可能的基準時，我們就會問，這個指標是不是最根本的源頭，還是只是清單中另一個基本項目而已。最後，領導團隊得出了下列策略基準：優越的產品、店內行銷執行，以及可預測的財務表現。

這個領導團隊表示，公司的成功取決於：產品比競爭對手更美味且更高品質；店內陳列與佈置具特色能吸引顧客；財務表現穩定成長。他們做的每個決定，都必須以這些基準為依據，並進行評估。

例如，領導團隊想要併購一家公司，他們必須根據三項標準來做決定：併購對象的產品品質是否優於其他競爭對手？產品進行店內陳列後，能不能達到我們要求的高標準？可不可以在不久的將來就產生獲利？

假如答案是肯定的，這項併購計畫就可能符合公司的策略。假如答案是否定的，這項併購決定可能就與公司的策略不同調，不論它看起來多麼誘人。

每個組織可能偶爾要做出一些不符合策略基準的短期戰略，而領導者必須清楚意識到，這個決定偏離了公司的策略，屬於例外情況。

組織存在的理由與核心價值是永遠不變的，營運定義偶爾會加以調整，而策略基準則應該隨著大環境變化與市場需求而改變。至於調整頻率，就要視組織所處的市場或產業而定。

## 策略耐久性

你的組織多久調整一次策略基準？這個問題的答案要根據兩個產業特性來決定：進入市場的門檻高低，以及創新的速度。

假如門檻高且創新速度較慢，策略基準就比較耐久，鮮少需要隨著時間改變；航空業屬於這個類別。假如門檻低且創新速度快，策略基準就需要勤加檢視與調整；線上應用軟體公司屬於這個類別。

假如門檻高且創新速度快（例如製藥廠），策略耐久性就會落在中間值。門檻低且創新速度慢的產業也是如此，例如小型服務公司，包括律師事務所、管理顧問公司和廣告公司。

有時候，組織的策略基準不在清單內，因為這個組織還沒開始做這件事。因此，組織應該要知道，界定策略基準的過程，不可以只參考現況或過去的歷史，這點很重要，要切記。有時候，界定策略基準的過程可讓組織警覺到，自己目前做的事無法或不足以讓自己與其他競爭對手做出區別，或是讓自己取得成功優勢，所以組織必須做一些改變。

## 圖7 | 你的策略是否需要經常調整？

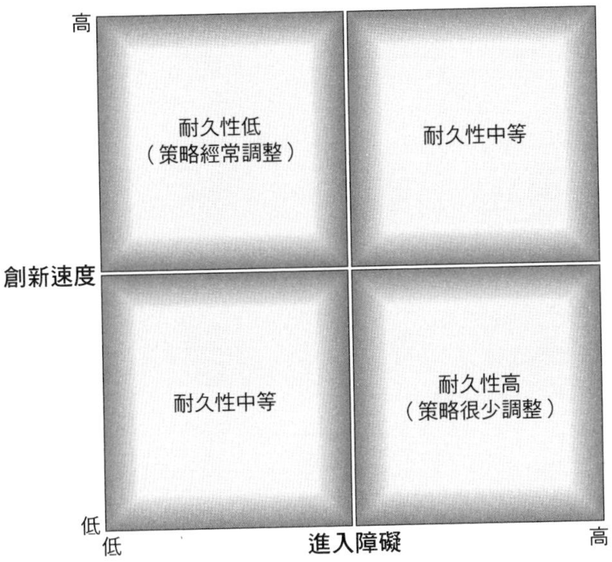

界定策略基準，還有另一項作用，那就是讓領導團隊對於組織不應該做的事，產生共識。

## 服務戰略

我們曾與一家經營特許學校的組織合作。就和許多使命導向的組織一樣，學校的經營者很容易落入「服務所有人」的陷阱。然而，特許學校的資源有限，假如不遵循某些策略，經營風險將會很高。

領導團隊首先把組織的現況列出來：專注於幼兒園到五年級的孩子、將所有學校的核心制度標準化、總部位於德州、薪資略低於公立學校、重視學生安全、不提供校車、績效導向、數字導向、不提供特殊教育課程、強調家長自願服務和參與、從內部提拔領導者、進展性評量、專注於兒童福祉、低成本、最低限度的品牌建立與行銷活動、專注於品格教育、比照公立學校收費、分布式領導模式、各地校長自治、專注基本教育、員工對使命充滿熱情。

經過一番腦力激盪與激烈討論後，他們得出下列策略基準：營運標準化、選擇性行銷、績效與評量導向。他們決定，為了確保成功，以及與競爭對手有所區隔，最好的辦法就是確定他們做的每個決定都反映出：透過標準化的制度與流程，提高效率並降低成本；針對特定家長進行低成本行銷；專注於學生的成就與家長的投資報酬。

這些基準也讓他們清楚知道，哪些事不需要做，例如提供校車接送服務和特殊教育課程。領導團隊雖然一開始並不是很喜歡這些決定，但他們知道，要在競爭激烈的世界成功，就必須做策略性的妥協。

許多領導團隊往往難以割捨一些看似稍微偏離策略的大好良機，但事實上，這種機會往往會讓組織脫離正軌。策略基準可以讓領導團隊看清現實狀況，給予他們勇氣克服這些誘惑，讓自己隨時保持在正軌上。

有些人問我，為什麼是三個策略基準指標，而不是兩個、四個或十五個？如果是以前，我可能會回答，「假如你覺得四個或五個策略基準適合你，那就這麼做吧。」但根據我多年來的經驗，以及客戶與其他顧問給我的回饋，我發現三個策略基準最適用，三個篩選標準，是組織決策時最有效的輔助工具。

## 問題五：現在，什麼最重要？

這個問題的答案會對組織產生立即且具體的影響，原因在於它可以解決最令企業抓狂的兩大問題：組織過動症與各部門各自為政。

大多數的組織都有太多優先目標需要完成。為了顧及所有的優先事項，他們列出了冗長的目標清單，然後把有限的時間、精神與資源分配在每個目標上。結果就是許多事以差強人意的方式去完成，而最重要的目標卻往往沒有達成。有一種說法可以把這個狀況描述得淋漓盡致：「事事關注，一無所成。」

假如執行長宣布公司的年度優先目標是：追求營收成長、提升顧客服務、推出更多創新產品、減少開支，以及提高市占率（我們都見過類似清單），就等於宣告了沒有一個目標可以得到應有的關注。除產生分散效應外，還會導致一個結果，那就是形成各部門各自為政。

當領導者宣布公司有五個或七個優先目標時，員工就會陷入為不同目標疲於奔命，更糟的是有時這些目標是互相衝突。員工為了優先完成部門任務，結果造成各部門各自為政，協調與合作早已蕩然無存。

## 專心做好最重要的一件事

有太多優先目標要達成，這說法本身就很矛盾，因為所謂「優先」，指的就是比其他更重要的事，就算同時有好幾件要事，也只能有一件是最重要的。因此，重點在於，組織若想要創造步調一致與專注的氛圍，在一段特定時間內，它只能有一個優先目標。

我是在無意間發現這個道理的。有太多客戶向我抱怨，在他們的組織裡，各部門各自為政的問題非常嚴重。我決定找出辦法，解決這個問題。

仔細研究過後，我發現有一類組織的人似乎總是可以輕易打破部門之間的藩籬，那就是專門處理緊急事件的人員。這類人員包括消防隊員、急診室醫護人員、執行救援任務的軍人，以及處理危急狀況的警察。我們幾乎看不到他們出現各自為政的行為。

你不會看到兩個消防員站在被大火吞噬的建築物前，根據他們各自的部門職權，爭辯誰該進去搶救受困的孩童。你也不會看見兩個急診室的護士在大出血的傷患面前，爭執紗布的費用該納入哪個部門支出。或在兩軍交戰時，聽見陸戰隊的隊員說，「我才不要冒生命危險出任務，那是海軍的問題。」

這些人的共通之處就是危機當前，面臨可能立即造成重大後果的緊急狀況。不論是習慣面對危機的急難救助人員，或是暫時面臨危機狀況的一般組織，當前危機讓組織能夠正視同一個警訊：這是無法閃躲的事件，大家必須團結一致去因應處理。

## 主題目標與團結警訊

當我思考團結一致的警訊所能展現的威力時，總會忍不住猜想，一般組織為什麼沒有存在這種急迫感與專注力？事實上，就算沒有迫切危機發生，組織裡仍應存在這種必須團結一致的警覺。我把這種警訊稱為「主題目標」，這個目標與組織的其他目標同時共存，但居於首位。因此，現在，什麼對我們最重要？答案就是：主題目標。

我曾在我的商業寓言小說《化敵為友的領導藝術》（*Silos, Politics, and Turf Wars*）中，介紹過這個概念，書中對主題目標這個概念有生動的描述。在舉實例說明之前，先替主題目標下一個清楚的定義：

- **單一性**：最重要的目標只有一個，儘管有其他目標也值得你仔細考量。
- **非量化**：在大多數的情況下，主題目標都不該附帶任何明確的數字。如果要附加量化的衡量指標，也不要太早設定，因為有可能局限目標的範疇與員工的凝聚力。
- **暫時性**：主題目標必須在一定時間內達成，一般是三到十二個月的時間。少於三個月，只是在做表面功夫，但超過十二個月可能引發員工的拖延心態，或是質疑目標會不會改變。（先等幾個月再說，搞不好會改變目標，更何況誰知道我那時候還在不在這家公司？）

- **共同承擔**：當領導團隊決定優先目標後，就要共同承擔達成目標的責任，即使這個目標的屬性落在某一、兩位主管的責任範圍內。

要界定主題目標，最好的方法就是試著回答這個問題：假如在接下來的X個月只能完成一件事，我們應該做哪件事？換句話說，我們現在應該做哪件事，才能在X個月之後，回顧現在時確信自己在這段期間做了對的事？這個問題可以幫助日理萬機的企業主管聚焦於真正重要的事情上。

當領導團隊決定了一個主題目標後，不要急著立刻昭告全體員工。原因之一是，光有主題目標不夠，還需要細節，否則只會淪為空洞的宣傳口號。我稍後再詳細說明。

其次，訂定主題目標的主要目的，不在於召集組織裡的所有人加入，儘管這樣做看似對組織很有幫助。主題目標的主要功能，其實是讓領導團隊知道該如何分配自己的時間、精神和資源。雖然在大多數的時候，領導者最後可能需要向全體員工或是某些子團體宣布這個目標，但偶爾當主題目標涉及機密性工作，例如併購或裁員計畫時，就不適合向太多人公布這個目標。這要視目標的性質而定，以及是否涉及大規模的一致性行動。就算領導團隊不向任何人公布主題目標，只用它來為自己指引行動的方向，也已達到目的了。

## 戴上公司的帽子

不論主題目標是否向組織內的所有人公開，我必須再次強調，領導團隊的每個成員都必須為所有的主題目標負起責任，就算有些目標與某些部門無關。也就是說領導團隊的成員，要把組織的利益擺第一，其次才是部門利益，在開會時，不把部門頭銜帶進會議室裡。我喜歡用的比喻是，這些主管必須脫下部門的帽子，戴上公司的帽子。

在一個團結的領導團隊裡，所有的主管成員不僅代表他帶領的部門，更是為了求取整個組織的成功，齊心協力解決問題。這意味他們可以為了領導團隊的整體利益，隨時提供自己部門的資源給其他部門使用。他們也會主動對主題目標表示興趣，不論這個目標與自己的功能領域相近或較遠。儘管每位成員在不同的部門單位各自擁有專業知識與職責，他們並不會把自己局限於那個領域，對於領導團隊成員所屬的部門，他們仍會主動關心並給予建言。遺憾的是，在現實中自掃門前雪的情況屬於常態，屢見不鮮。

許多領導團隊成員把自己當成國會議員或是聯合國代表，在參加會議時，只為自己的部門說話。而當討論的議題和自己的部門無關時，他們會盡可能減少發言，只希望會議早點結束，或是沒事裝忙，再不然就是把會議焦點轉移到和自己部門有關的主題上。

這種做法只會導致領導團隊功能不彰與領導無方。後面章節會再探討開會這個主題，在此要強調的是，大多數的領導團隊會議之所以沒有成效，決策草率，正是因為他們缺乏定義明確、責無旁貸的團結警訊或主題目標。

設定一個所有領導團隊成員都認同的主題目標，好處非常多。當領導團隊成員不把自己的主要職責局限在自己的部門時，發生部門之間的對立與攻擊的可能性就會大大降低。會議變得更容易聚焦，因為不重要或附屬的議題已被擺在一旁。大家非常清楚組織裡什麼事最需要關注與處理，因此不會互相爭奪資源。由於大家了解自己是基於什麼理由而妥協，不論在哪個階層，政治角力與鬥爭的情況都會大幅減少。

## 定義型目標，闡明更多細節

創造明確的共同焦點會帶來許多好處，但你除了需要界定主題目標外，還要更進一步定義需要做哪些事，才能達成目標。我把這些事稱作定義型目標。

定義型目標，指的是為達成主題目標需要從事的活動。就和主題目標一樣，定義型目標必須是非量化、暫時性的，而且必須由所有領導團隊成員共同承擔責任。它必須夠明確，是可理解、可誘發行動的明確宣言，才不會讓主題目標淪為口號。一般來說，一個主題目標可劃分為四到六個定義型目標。

## 運送優先順序

我們曾與一家非常成功的大型運輸物流公司合作。這家公司的領導團隊正為了公司已無餘力承接不斷成長的業務量而煩惱，此外，他們也憂慮好幾個重要議題。為了幫助他們找出真正的重點，我們向他們提出了一個問題：

如果在接下來的九個月，你只能完成一件事，那你會優先處理哪件事？

這群聰明人在幾分鐘內就達成了共識：「再不解決運輸量的問題，公司就會有大麻煩。」

因此，解決運輸量供應不足的問題，就成了他們的主題目標。這個目標一點也不酷炫，但是既清楚又正確。同樣重要的是，這個主題目標必須是所有領導團隊成員的優先目標，不論他們各自帶領的部門與職責是什麼。

下一步要釐清的是，他們要用什麼方法來解決問題，才能達成主題目標。經過不到一個小時的討論與爭辯，他們得出了五個定義型目標。

這個結論事後看來好像理所當然，但假如領導團隊沒有進行這個討論，他們很可能會被繁忙的日常工作給淹沒，而把運輸量問題當作是一長串重要目標之

圖8 | 五個定義型目標

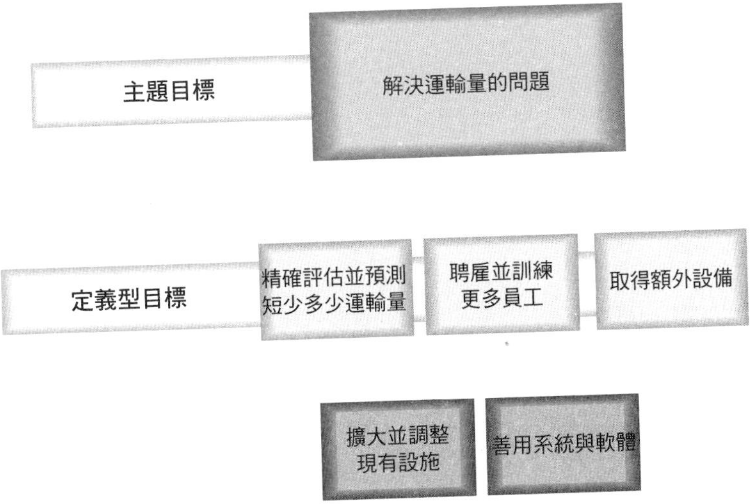
主題目標
解決運輸量的問題
定義型目標
精確評估並預測短少多少運輸量
聘雇並訓練更多員工
取得額外設備
擴大並調整現有設施
善用系統與軟體

一而已。透過這次討論，他們決定哪些工作可以停止，以及應該如何重新分配資源，以達成主題目標。

但是，他們的工作還沒有完成。

## 標準作業目標

當團隊界定出定義型目標後，就要進入下一步，也是最後一個步驟：界定標準作業目標。這是領導團隊為了維持組織營運，必須使用的衡量工具與必須執行的日常管理。我喜歡把這些工作稱為「主管的日常工作」。

要找出標準作業目標並不難，因為這些目標往往顯而易見。以營利組織來說，通常包括營收、支出、顧客維繫或顧客滿意度、產品品質、現金流量、維持士氣或是產業特有的其他活動。以飯店業來說，還包括客房住用率；以學校來說，就要包括畢業人數比例與測驗成績；以教會來說，應該包括教友的出席率與奉獻金額。不論是什麼組織，領導團隊通常可以在十五分鐘之內達成共識，界定出標準作業目標，因為這些目標屬於他們日常工作的一部分。

在上述運輸公司的例子中，標準作業目標包括營收、支出、準時送達、顧客滿意度、爭取新顧客、安全與士氣。我自己的顧問公司追蹤的標準作業目標包括：財務能力（營收與支出）、員工士氣、著作銷售、產品銷售、顧問業務執行、演講業務執行、客戶滿意度與管理工作。每家公司追蹤的標準作業目標多少會有些出入，但每個產業的標準作業目標大致上大同小異，不會隨著時間改變。

值得注意的是，有時候某家公司的主題目標會與標準作業目標相同。舉例來說，有一家飯店可能平常就會追蹤客房住用率，但在某一段時間，這個議題成了公司最大的問題。於是飯店主管把它提升為優先目標，把「提高客房住用率」設定為那段期間的主題目標。假如上述的運輸公司發現，員工的意外發生率與傷病給付金額已經嚴重影響了公司的財務狀況，那麼領導團隊可能需要把「注重安全」訂為主題目標一段時間，雖然安全已是他們的標準作業目標之一。

這並不表示，大多數的主題目標來自標準作業目標，只不過標準作業目標的重要層級有時會被拉高。當然，一旦主題目標已經達成，這個項目就會回到標準作業目標的清單裡。

不同的組織基於各種理由，各自擁有不同的主題目標、定義型目標，以及標準作業目標，然而，所有的組織都有個共同點，那就是這些目標應該用一張紙的篇幅就足以說明清楚。

## 無力照顧客戶，卻又需要爭取新客戶

我們公司的一位顧問曾與一家信用卡公司合作，這家公司積極與不同的組織進行策略聯盟，推出聯名信用卡。他們後來找到一家大型航空公司，對方希望把所有會員轉移到新的信用卡公司，雙方因此成為策略性合作夥伴。

雖然這家信用卡公司的高階主管已分身乏術，常感嘆無力好好服務這個新客戶，卻仍然必須不斷開發新客戶。他們後來制訂了一個主題目標，來幫助領導團隊聚焦並形成一致的步調。

我們教他們如何用一張紙列出主題目標、定義型目標，以及標準作業目標，幫助領導團隊找到聚焦的重心，讓所有人的行動步調一致，避免分散注意力。

## 圖9 | 一張紙鎖定三大目標

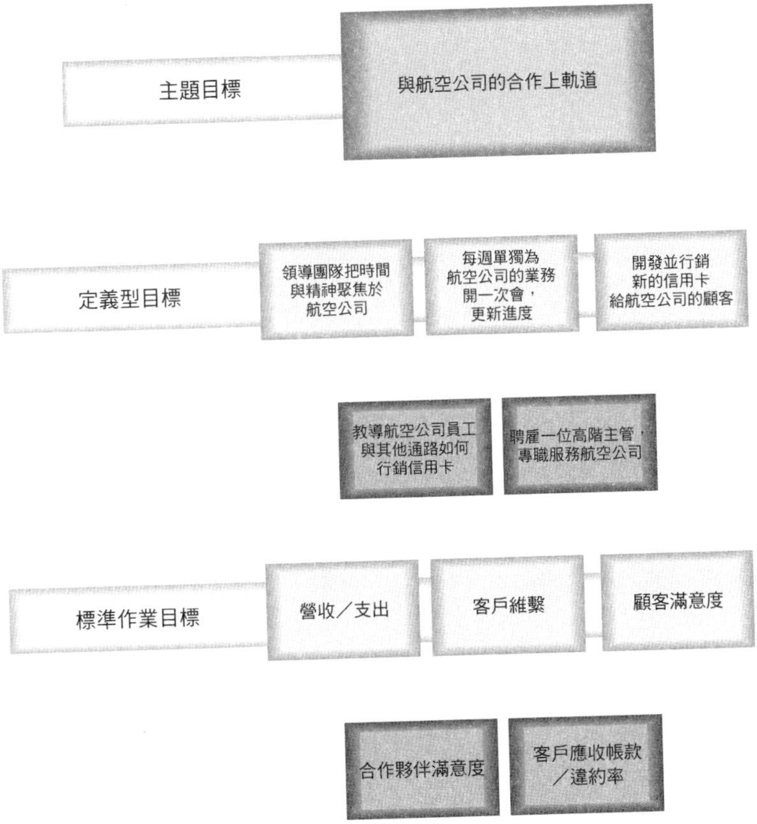
主題目標
與航空公司的合作上軌道
定義型目標
領導團隊把時間與精神聚焦於航空公司
每週單獨為航空公司的業務開一次會，更新進度
開發並行銷新的信用卡給航空公司的顧客
教導航空公司員工與其他通路如何行銷信用卡
聘雇一位高階主管，專職服務航空公司
標準作業目標
營收／支出
客戶維繫
顧客滿意度
合作夥伴滿意度
客戶應收帳款／違約率

## 洗刷績效不佳的名聲

我們曾與一家大型健康醫療公司的資訊部門合作。儘管資訊長與她的團隊團結合作，在事情進展不順利時，部門主管也力挺同事，但公司裡的人對資訊部門的評價一直不太好。他們批評資訊部門總是無法準時完成計畫，無法為公司各單位提供必要服務，對公司的新需求也無法及時回應。

當這個團隊學到主題目標的觀念之後，決定以「洗刷績效不佳的名聲」做為主題目標。

結果不到一年的時間，這個團隊就扭轉了資訊部門在公司裡的聲譽；這是根據內部顧客意見調查與其他部門主管的回饋得知的。

這個部門在接下來八年一直維持「值得信賴」的良好聲譽。資訊長向我們解釋，「我們一直到制訂了明確的優先目標，清楚知道自己該做什麼事之後，才真正團結起來，共同扭轉情勢。」

一個主題目標該維持多長的時間（在三到十二個月之間），要視領導團隊的情況，以及解決某個特定問題需要多少時間而定。此外，組織的規模大小與營運

圖10 | 一年不到就扭轉部門名聲

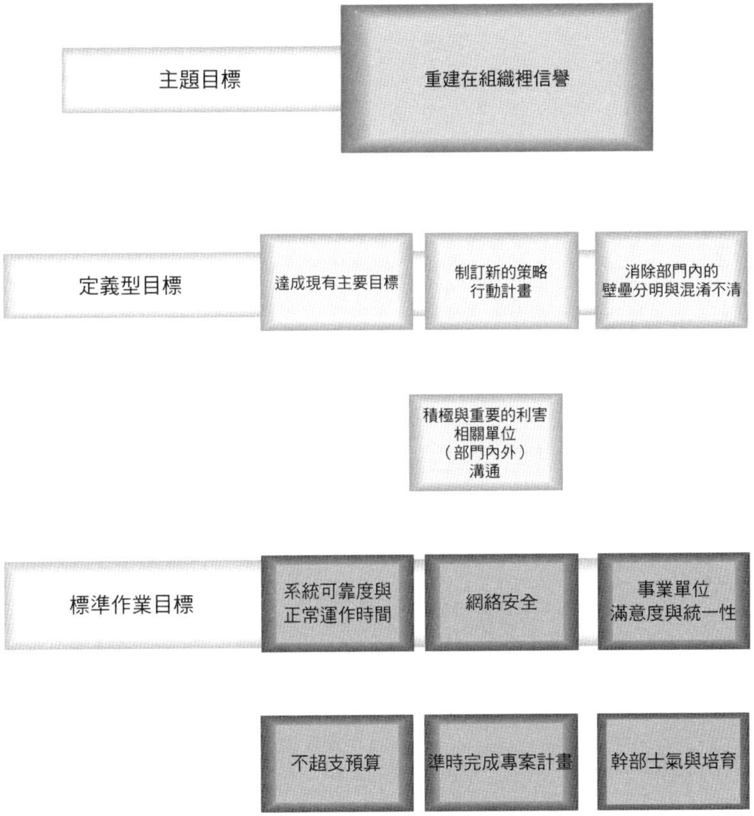

性質也會有很大的影響。小型企業與新創公司通常適合比較短的時程，因為他們可以用比較短的時間完成比較多的事，也因為他們沒有太多犯錯的空間。而大型組織（尤其是學校和政府機關）的規劃週期通常比較長，主題目標的執行期間一般也比較長。

當某個主題目標的截止日快到時，領導團隊應該開始構思下一個主題目標。當然，這個時間表可以有一些彈性。假如領導團隊提早達成目標，他們就可以提早制訂下一個主題目標。假如在執行了幾個星期或幾個月之後，覺得主題目標已經不適用，或是有其他更緊急重要的事要處理，就應該變更主題目標。

請記住，制訂主題目標的目的不在於約束組織，而是促使領導團隊團結起來，一起達成他們共同的目標。

當領導團隊界定了主題目標、定義型目標，以及標準作業目標之後，只需要回答最後一個問題，而且很可能是最簡單的問題。

## 問題六：誰該做什麼事？

我曾說過，領導團隊成員在參加會議時應該把代表部門的帽子脫下，不論自身的專業與部門職責是什麼，都必須隨時準備好，為達成團隊的主題目標而盡力。然而，當會議結束，各自回到工作崗位時，他們必須清楚地知道自己的責任是什麼，不可以有模糊地帶。在現實世界裡，不論規模大小，所有的組織都需要分工，而且從組織的最頂端開始分工。假如沒有清楚地劃清界線，即使大家都沒有耍心機，仍然很可能發生政治角力與互相攻擊的情況。

回答這個問題唯一要注意的是，**不要把責任劃分視為一種默契**。

雖然在大多數的組織裡，誰該做什麼似乎顯而易見，但單靠默契，以為所有的人都清楚自己該做什麼，很可能會導致你意想不到的結果，甚至造成不必要的問題。

導致問題的原因之一，是大多數的組織採用傳統的部門職稱。常見的職務包括：業務、行銷、財務、營運、人力資源、工程、資訊、客服與法務等主管。儘管這些功能的描述足以說明領導團隊成員的一般職責，每當我請領導團隊的成員詳細寫下自己認定的職務範疇時，答案往往令我有點訝異。

在做這個簡單的練習時，團隊成員往往會對同僚的答案感到驚訝。有時候，同一項工作會有兩位主管同時認為那是自己該做的事：「嘿，營運規劃也在我的工作清單裡！」有時候則是有遺漏：「為什麼大家的工作清單裡，都沒有策略規劃？」

有很多時候，是領導團隊的帶領者（通常是執行長）問題最大。這些領導者除管理領導團隊外，還積極投入某些專業性的工作。舉例來說，在許多規模較小的組織裡，創辦人與執行長會同時扮演兩個角色：領導團隊的帶領者與某個領域的專家。

## 做執行長，還是做設計主管？

剛從事顧問工作時，我曾和一家新創服飾公司合作。這家公司的辦公室一開始是在一個小倉庫裡，員工只有五位，執行長身兼產品設計師的工作。隨著公司的快速成長與市場接受度大增，這位執行長把一位元老級員工晉升為產品主管（這位員工原本負責出貨管理兼守衛，後來展露出驚人的設計天分）。

問題在於，執行長並未完全放下原本的產品設計主管工作，結果導致其他人充滿困惑，尤其是那位新的產品主管。當執行長在會議中針對產品的議題發言時，團隊成員並沒有提出太多質疑，因為大家以為他是以執行長的身分，向大家宣告這是最後的決定。但事實上，這位執行長只是想以產品設計師的身分參與討論，希望藉此引發更熱烈的討論。

當這位執行長意識到，自己在無意間壓抑了討論，並霸占了產品開發主管的職權時，他立刻決定以後開會，要先明確表明自己正在扮演哪個角色，究竟是在參與討論，還是以執行長的身分總結討論的結果。

組織高層的主管很容易掉入自己擅長或熟悉的身分而不自知。他們往往沒有意識到，組織裡的其他人，甚至是領導團隊的成員，並不像他們那樣清楚知道他們的角色界線在哪裡。

不論一家公司有沒有清楚的組織圖，領導團隊都應該花一點時間釐清狀況，讓所有人對自己和其他人的責任範圍有清楚的認知與共識，而且所有的重要事項都要有人負責執行。

但即便團隊成員順利回答了這六個問題，如果不能隨時有效運用這些答案，也無法獲得釐清狀況帶來的好處。

## 隨身攜帶的劇本

當領導團隊回答了六個關鍵問題後，他們就必須設法將這些答案化為簡潔可行的版本，做為溝通、決策與規劃未來的根據。

領導團隊在外地會議或策略會議做出一些重大決策後，常犯的兩種錯誤是，他們通常會把決策留在精美的文件夾裡，晾在書架上積灰塵；或是不釐清最後的結論，而認定每個人自然會把屬於自己責任範圍內的相關工作做好。

為了防止類似情況發生，必須運用有效的工具，確保會議決策不會不了了之。我們把這個工具稱之為「劇本」：一份簡單的文件，上面簡述了六個問題的答案。每個組織都應該按照自己的需求製作這個劇本，但所有組織的領導者應該做到兩件事，才能讓這個劇本發揮作用。

第一，這個劇本必須非常簡短。頁數太多不僅沒必要，還會讓人不想拿來看。一般來說，六個問題的答案應該可以濃縮在一張紙上，最多兩張。即使想要把金律一（建立團結的領導團隊）的練習結果和團隊成員的個人簡述加進來，最多也不該超過三頁。

第二，領導團隊成員應該把這個劇本隨時帶在身邊，不要丟進公事包裡就不管它了。他們應該把這個劇本放在辦公桌上或帶著去開會。在與員工溝通時，不忘隨時拿出來，做為參考。

下面以一家顧問公司為例，說明隨身攜帶的劇本應該包括哪些內容。請記住，不論劇本以什麼樣的形式呈現，它的功能皆在於讓六個問題的答案方便隨時拿來做為參考。如此一來，領導團隊就可以同心協力、步調一致、有意識地管理組織。

燈塔顧問公司的劇本：

為什麼？我們存在，是因為我們相信這個世界需要更多優秀的領導者。

怎麼做？我們依循熱情、謙遜與情緒智能行事。

做什麼？我們為想要提高組織成效的領導者，提供服務與資源。

如何贏？我們以高格局的思維提供服務；維持小型營運規模，以保護我們的獨特文化；靈活運用世界級專家的知識。我們透過這些與競爭對手做出區隔。

現在，什麼對我們最重要？設定主題目標、定義型目標、標準作業目標。

（如下頁所示）

## 圖11 ｜ 現在，什麼對我們最重要？

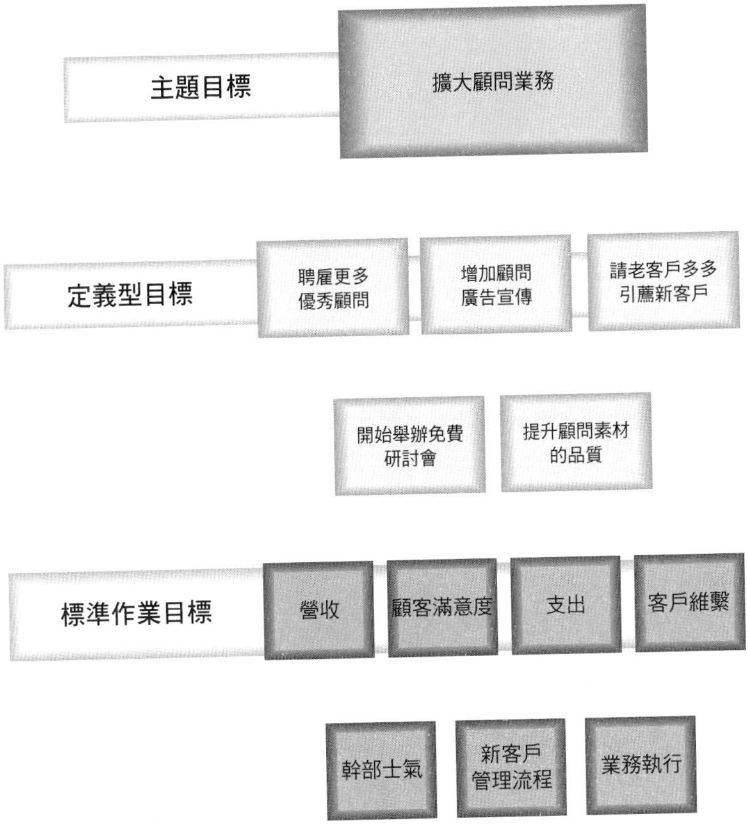

圖12 | **誰該做什麼事？**

| 姓名 | 職稱 | 職責概述 |
|---|---|---|
| 麥可 | 執行長 | 領導管理團隊、公司策略、關鍵銷售支援 |
| 迪克 | 顧問業務營運長 | 顧問群與專案管理、內容研發 |
| 艾美 | 財務長 | 財務、資訊、法務、總務 |
| 麥特 | 銷售 | 標準銷售作業、建立合作夥伴 |
| 湯姆 | 行銷 | 標準行銷作業、顧客教育、大型活動 |
| 克莉絲塔 | 人力資源 | 訓練、福利、薪酬 |

**團隊成員個人簡述**

| 姓名 | 類型 | 改進空間 |
|---|---|---|
| 麥可 | ENTJ | 少打斷別人的話；貫徹承諾 |
| 迪克 | INTP | 多與同僚互動；加快詢問／電子郵件的回覆速度 |
| 艾美 | ISTJ | 解釋力求清楚；在會議中多發言 |
| 麥特 | ENFP | 開會時不要離題；有始有終 |
| 湯姆 | INFJ | 不要怕提出反對意見；對部屬更加嚴格一些 |
| 克莉絲塔 | ESTJ | 多配合營運需求；不要急於為自己的部門辯護 |

**檢查表：釐清核心問題，創造組織透明度**

假如領導團隊的成員做到下列事項，就可確信已掌握這項原則。

☑領導團隊成員清楚了解組織存在的理由，並取得共識，注入熱情。

☑領導團隊釐清並選定幾個明確的行為價值觀。

☑領導團隊找出定義組織成功的策略，取得共識，並藉此與競爭對手做出區隔。

☑領導團隊朝著清楚的目標一同努力，共同為目標負起責任。

☑領導團隊成員清楚了解彼此的角色與職責，而且能夠毫無顧忌地向彼此提出問題。

☑領導團隊簡單總結組織的狀況，隨時拿來做為參考，並定期檢視。

以下兩種組織環境，你會想在哪個環境工作？

組織A的領導團隊經常提醒員工，公司存在的理由、核心價值、策略與優先目標是什麼。他們每次開會結束時，都非常清楚自己承諾要做什麼事，以及該向部屬傳達什麼訊息。他們也採取必要的步驟，確認自己知道組織裡的員工最關心的是什麼，以便代表員工進行決策，並顧慮到他們的想法。

組織B的領導團隊每年只向全體員工透過大型活動進行幾次溝通，每次的溝通主要把焦點放在事務性的目標與計畫上。他們開會後不常向員工溝通，傳遞的訊息也往往不一致。他們並不深入組織，了解所有員工的意見。

相較於第二個組織，第一個組織可享有什麼樣的競爭優勢？為了要在現實世界中取得這樣的競爭優勢，你願意投入多少時間和精力？

下一章的內容，將幫助你做出明智的選擇。

# 4 管理金律三：充分溝通

一致、真誠、切中要點的溝通，員工才會把主管的話當真。

唯有領導團隊團結一致，共同釐清六大關鍵問題的解答，並形成共識，他們才可能有效進行下一步：向其他人確實傳達這些訊息，而且多管齊下，一再重複重點，直到確定所有人都掌握要點。

最好是重複七遍。

沒錯。我曾聽人說，同樣的話員工要聽主管說七遍，才會相信主管是說真的。不論實際上需要說五遍、七遍，還是七十七遍，重點在於，除非員工一再聽到相同一致的說法，否則他們不會輕易相信這些話。

主管需要一再重複相同的話，並不是因為員工太多疑，而是因為有太多組織在與員工溝通時，總是含糊其詞，甚至口是心非。

亞當斯（Scott Adams）創造的漫畫主角呆伯特（Dilbert），就是以這個現象為主題，說明職場生態。

幾乎所有的企業主管都曾說過這樣的話：品質第一，顧客至上，員工是公司最重要的資產。這種有口無心的說法，已泛濫到變成上班族之間的笑話。

**員工不會輕易相信主管所說的話，而是聽其言、觀其行，看看主管到底是不是說真的。**最好的驗證方式之一，就是觀察主管是否在一段時間之內，一再重複同樣的說法。

遺憾的是，與我合作過的領導者大多吝於不斷重複重點。有個笑話或許可以說明他們的心情。

有一天，一個女人問她的丈夫，「你為什麼不再對我說你愛我了？」這位丈夫聽了之後露出訝異的表情，想了一會兒，然後回答說：「我們結婚的時候，我就已經說過我愛你了。如果情況有變，我一定會通知你。」

## A⁺領導人，把自己當提醒長

企業與組織領導者常在不知不覺中犯了同樣的錯誤。他們以為在全體員工會議上宣達組織的策略或優先目標之後，自己的任務就已經完成。他們有時還會告訴員工，會議的簡報內容已放在公司的內部網站上，做到這些，他們就覺得自己已善盡職責。

幾個星期之後，當他們發現，員工根本沒有按照組織的策略或優先目標來做，而大多數的員工甚至無法正確地複述組織的新策略是什麼的時候，他們往往會大感意外。

他們誤以為只要把訊息傳達出去，聽眾就一定能理解、牢牢記住，並遵照執行。但事實上，要讓人們吸收訊息的唯一方法，就是在一段時間內，讓他們不斷在不同的情境中，反覆聽到這個訊息，而且最好是從不同的人、不同的管道得知訊息。

優秀的領導者必須將自己視為首席提醒長（Chief Reminding Officer）。組織領導者的兩大優先任務是：設定組織的方向，然後經常提醒員工朝著這個方向前進。

那麼，為什麼有這麼多領導者沒做到呢？

許多主管不喜歡扮演提醒員工的角色，因為這樣做看起來似乎非常浪費時間，又缺乏效率，跟他們一直以來極力避免重複的工作訓練也不一樣。

還有一些領導者擔心的不是浪費時間，而是不斷重複同樣的話，對員工是一種侮辱。他們認為，只要對員工說一次就足夠了，不斷提醒，只會讓員工覺得主管太小看他們了。

這些領導者沒有意識到，員工其實理解重複優先任務的必要。**訊息的傳達不只是腦力活動，也是情緒活動。**對於主管傳遞的訊息，員工首先並不是進行理性的分析，而是觀察這些主管對自己所說的話是否認真、誠心信服且願意遵行，還是只是一時興起，或口是心非的話。因此，領導人不斷重複重點，展現決心，是非常必要的。

此外，許多領導者沒有做到再三重複相同訊息的原因，是他們覺得這樣做很無趣。這是可以理解的。聰明人喜歡聽到新鮮的訊息，也喜歡接受新挑戰，不斷重複相同的主題讓他們感到厭煩。但這些思考習慣並不適用於團隊運作。

領導者最重要的角色，不在於讓工作新鮮有趣，而是讓員工投入對組織最重要的工作。不斷重複與強化重大訊息，可以讓員工確實投入最重要的工作，依我過去的經驗，幾乎沒有例外，我遇過的傑出領導人都對這項任務樂此不疲。

所謂重複，並不是以同樣的方式一再傳達相同的訊息。

有效的溝通，必須運用各種工具，透過多種管道與不同的溝通者來傳達。這些工具包括各式各樣的電子媒介，從電子郵件、視訊會議，到任何剛上市的新科技。然而，最有效強大的溝通工具其實與科技無關，而是人與人之間的口耳相傳。這種方法在大型跨國企業同樣適用。

## 訊息透明一致，才能取信於人

有人曾經告訴我，要讓一個訊息流傳到組織的每個角落，最好的方法就是散布「謠言」，只要你散播的是正確的傳言就好。這個做法聽起來似乎不太高明，卻是一些體質健康的組織進行內部溝通時，最重要的方法之一。

要讓組織上下朝著同一個方向前進，最可靠的方法就是讓領導團隊成員在結束會議時，對於開會的結論有清楚的認知，回到部門後立刻向直接部屬傳達，然後再讓這些人往下傳達。我們把這種方法稱為「階梯式溝通」（cascading communication），因為這種面對面的溝通方式，可讓重要訊息從組織的最高領導團隊開始，逐層向下傳遞。

如果你覺得這種方式太簡單，你並沒有錯，因為事情就是這麼簡單。然而，絕大多數的企業卻不使用這種簡單而有效的方法。

這種方法之所以有效，原因之一是它與一般企業的正式溝通管道恰好相反。過去十五到二十年來，企業員工已經習慣從主管那裡得到內容不一、不夠即時且制式化的電子溝通訊息。我不是在批評，而是陳述事實。

發送電郵與做簡報，這些溝通方式，對大多數的領導團隊來說有如家常便飯，但這些方式的溝通成效並不彰，原因就在於員工對自己聽到與看到的訊息往往抱持保留態度，不願輕易相信。

階梯式溝通，可以改變這個狀況。

當不同部門的員工從主管那裡得到相同的訊息時，他們就會開始相信領導團隊傳遞的訊息透明且一致。這可以為領導團隊快速贏得信譽，而主管與員工也同時受到激勵。

### 釐清決議，只要幾分鐘

剛進入職場時，我曾與一家國際軟體公司合作，這家公司在全球各地幾乎都設有辦公室。儘管公司經常發布電子郵件公告、召開視訊會議，並製做T恤發給員工，各辦公室員工之間仍然相當疏離。

最後，領導團隊在我們的建議下，開始採用階梯式溝通。當他們開完會，向部屬溝通時，傳達的是一致的訊息。這些部屬再把同樣的訊息往下傳遞給他們的部屬。

有一天，澳洲的人資主管打電話給德國的同事，告訴對方自己的老闆剛告訴她總公司發生的事。這位德國同事驚訝地說，「嘿，我老闆剛也告訴我相同的事！」比起任何精心製做的溝通內容，這種互相印證的非正式對話，反而更能讓員工體認到全公司步調一致。

階梯式溝通有三個重點：各主管傳遞的訊息一致、適時傳達訊息，以及面對面即時溝通。這個流程從領導團隊會議即將結束時就開始了，在所有人急著離開會議室時，有人必須提出那個至關重要的問題：「我們回去要告訴部屬哪些事？」

在接下來的幾分鐘，有時候需要更久一些，這些主管必須回顧剛才會議討論的內容，決定哪些事項可以向員工宣布，而哪些還不夠成熟。我們把這個步驟稱為「釐清決議」。在這個時候，通常會發現大家對於決議的理解其實有一些落差。直到釐清疑慮，他們才能對決議達成真正的共識，並且確認回到部門該向員工傳達哪些正確的消息。這個步驟需要花一點時間，但不這麼做，反而要付出極大的代價。

## 會議後的混亂

年輕時，我曾在一家企業工作，這家公司正面臨降低成本的壓力。經過漫長的管理幹部會議討論後，大家決定在營收好轉之前，先暫停招聘新員工。

於是，人資主管回到辦公室後，立刻通知全球各地的員工招聘凍結的新規定。結果，在五分鐘之內，兩位參加相同會議的主管跑到她的辦公室抗議。

其中一個主管說，「我認為這個人事凍結的政策不適用於銷售部門！」另一位主管也插嘴說，「我們不可能凍結工程師的職缺吧？」

最後，領導團隊被迫收回成命，重新修改政策。結果導致領導團隊成員之間關係緊張，而在員工眼中，他們的威信更是嚴重掃地。這全是因為領導團隊在會議結束前，沒有花幾分鐘的時間，釐清每個人該做的事。

口徑一致固然非常重要，但領導團隊也不可硬性規定一套說詞，搞得好像機器人似的照本宣科。領導團隊應該先了解溝通的重點是什麼，然後用自己的話傳達給部門的員工。

另一項要點是，領導團隊要在一定的時間內完成宣達的工作。假如一位成員在會議結束後立刻宣布會議做成的結論，而另一位成員在一個星期後才傳達，勢必造成員工的困惑與失望。我並不是說應該在同一時間傳達訊息，一般來說，會議結束後的二十四小時之內公布，是一個不錯的標準。

有些主管會問，他們可不可以用電子郵件或其他科技工具來傳達訊息？答案是不行。雖然運用這些工具看起來滿有效率的，但溝通的成效往往不太好。理由之一是，員工沒有機會提出問題，澄清他們的疑惑。另外，當員工透過電子郵件或其他科技工具得到訊息時，他們的心中一定會猜想，主管是不是對訊息做了一些加工，於是他們會設法讀出訊息的弦外之音。

要進行階梯式溝通，最好的方法就是進行面對面的互動。除可以提問外，員工還可以看見主管的表情、聽到主管的語氣。雖說如此，有些公司的員工散布世界各地，這時就難以進行面對面的溝通。因此，電話或視訊會議就成了很好的替代方案。重點在於，必須可以進行互動，進行即時討論。

階梯式溝通的另一個重點是，盡可能在所有團隊成員在場時進行，不是一對一的溝通。除較有效率外，可確保所有人在同一時間聽到相同訊息，並且彼此分享討論的內容與看法。

這些建議聽起來是基本做法。但大多數的組織體質之所以不健康，正是因為沒做到這些最基本的事。**要修練這些基本功，需要靠紀律、堅持與貫徹到底的精神與組織習慣，而不是高深的學問或過人的才智。**

除在每次領導團隊會議後進行階梯式溝通外，團隊成員還可透過其他方法，確保所有的重要訊息會傳遞到組織的每個角落。第一個、同時也是最重要的方法，就是把六大關鍵問題的答案融入每個與員工溝通的環節中——從招聘、面談、職前訓練、管理、獎勵、訓練到解雇的每個環節。在接下來討論強化核心觀念的章節，我會再詳細明說明這個部分。

現在，先說明體質健康的組織，是如何進行溝通的。

## 由上而下的溝通

重要訊息最常透過這種方式在組織內傳遞，常用工具包括全體員工會議、公司內部刊物、定期的電子郵件公告、社交媒體和階梯式溝通等。

大多數的組織之所以與員工溝通不良，不是因為他們不懂得如何架構內部網站、寫部落格文章或是製作簡報，而是因為他們沒有清楚傳達最重要的訊息，而且未能長期持續傳達一致的訊息。儘管有製作精美的公司刊物、互動式網站，或是開不完的會，員工仍然時常覺得自己沒有得到充足的資訊，或是被主管蒙在鼓裡，有這樣問題的組織實在太多了。

**員工真正需要的是一致、真誠與切中要點的溝通。**

我曾見過一個有效的由上而下的溝通範例。有位大型醫療保健公司的執行長，每週五會發一封一到三頁篇幅的電郵給全體員工。他的溝通方式特別之處，不在於頻繁的溝通量，而是溝通的內容真誠、直接且切中要點。

當這家公司遇到困難時，執行長會透過每週五的郵件提醒員工，公司正面臨哪些挑戰，並為大家打氣。不論是在哪個部門或階層，公司裡每個員工都知道執行長的真實想法。這家公司可以屢次度過難關，執行長開誠布公的溝通方式功不可沒。

我要再次強調，由上而下的溝通必須建立在金律一（建立團結的領導團隊）與金律二（釐清核心問題，創造組織透明度）的基礎上，否則再多的溝通都不會有成效。

## 由下而上的溝通與橫向溝通

讓員工有由下而上的溝通管道，這對任何組織都非常重要。不過，這種溝通方式並不是萬靈丹，前提必須是領導團隊對關鍵問題已達成共識，若他們無法妥善回應員工的建言與需求，貿然徵求員工意見，通常只會為員工帶來挫折感。

值得注意的是，不論徵求員工意見的方式，是透過員工意見調查或是圓桌論壇，領導團隊都不可以讓員工以為他們有權為公司做決定。和政治制度不同，傑出的企業與組織從來都不是靠民主獲得成功的。

另外，領導團隊必須清楚意識到，了解員工的想法並代表他們發言，是主管的職責，這個職責無法被由下而上的溝通取代。如果主管與員工的關係非常疏離，就算有由下而上的溝通管道，他們還是很難真正理解員工的想法。

體質不健康的組織經常存在一個問題，就是跨部門或跨單位的溝通問題重重。儘管許多主管想要透過特別的方式解決這個問題，但唯一真正的好方法，還是要從根本解決：解開各部門主管之間的心結。假如互有心結的主管不願意卸下心防，那麼即便有用意良善、設計完美的跨部門溝通機制，也無法真的打破他們之間的溝通藩籬。

最後，我想提醒的是，就我所知，有些體質最健康的組織並不常進行制式的由下而上的溝通，或橫向溝通，反而是有些體質不健康的組織，很喜歡進行員工意見調查、主管傾聽論壇與跨部門會議。

這再度印證了一個事實：假如領導團隊不團結一致、不釐清關鍵問題，再多溝通也沒有用；相反的，假如領導團隊團結一致、釐清關鍵問題，即便沒有正式的溝通管道，也可以永續經營、基業長青。

**檢查表：充分溝通**

假如領導團隊的成員做到下列事項，就可確信已掌握這項原則。

☑領導團隊將六大關鍵問題的答案清楚傳達給所有員工。

☑領導團隊成員定期提醒部門員工六大關鍵問題的答案。

☑領導團隊在會議結束時，對於該與員工溝通什麼，已有清楚而明確的共識，並且隨即以階梯式溝通模式傳達這些訊息。

☑員工能夠清楚說出組織存在的理由、價值觀、策略基準指標與目標。

以下兩種組織環境，你想在哪個環境工作？

組織A制訂了簡潔而務實的流程：根據核心價值招募、聘雇與訓練對的員工；根據組織最重要的優先目標，管理員工績效；根據組織的文化、策略與營運狀況，獎勵與訓練員工。此外，所有的主管確實執行這些流程，並且認為這些工具有助於他們完成自己的工作。

組織B制訂了一大堆流程與人事制度，但大部分都很籠統與複雜，而且沒有考慮到公司的獨特文化與營運模式。因此，所有的主管覺得這些流程與制度只是徒然增加他們的負擔，而無助於他們的工作。

相較於第二個組織，第一個組織可享有什麼樣的競爭優勢？為了要在現實世界中取得這樣的競爭優勢，你願意投入多少時間和精力？

下一章的內容，將幫助你做出明智的選擇。

5

# 管理金律四：強化核心觀念

從聘雇到管理，從訓練到獎勵，既需要主管的專業判斷，也必須將核心價值一一制度化。找到對的人，給他們成功的機會，企業與組織就會成功。

再三傳達核心觀念固然非常重要，但即便在體質健康的組織裡，領導團隊也無法一直在員工身邊提醒他們公司的存在理由與價值觀是什麼。為了確保六大關鍵問題的答案充分融入組織之中，領導團隊必須盡一切力量，以系統化方式強化這些答案，讓所有的人事制度，也就是與人有關的所有流程，從聘雇與人員管理，到技能訓練與薪酬給付，全都以強化這些答案為出發點而設計。

但最大的挑戰，就在於既要達到目的，又不宜增設太多新制度。

組織文化必須制度化，但不能官僚化。制度不可太多，也不可太少，必須恰到好處，找到平衡點是領導團隊的責任。

只可惜，領導團隊往往不積極參與人事制度的設計，而把這個責任交給人資或法務部門，卻又抱怨組織的制度太過官僚，例如績效評估制度太繁複冗長。這種情況總是令我驚訝與不解。

把問題推給人資與法務部門，既不公平也無濟於事。

唯一的解決之道，是領導團隊積極參與人事制度的設計，讓組織的獨特文化與營運模式能夠反映在制度上，並透過制度得到強化。他們必須確保員工篩選條件、績效管理制度、員工訓練計畫與薪酬制度一脈相承，息息相關。而達成這個目標的唯一方法，就是根據六大問題的答案設計這些制度。

有許多主管說，人資部門在這方面擁有較多的專業知識與實務經驗，比起領導團隊，更適合建立人事制度。此話固然沒錯，但人資部門無法代替領導團隊執行任務。

## 好的人事制度，幫助你找到對的人

人資與法務部門對於人事制度的建立與管理，當然扮演非常重要的角色。但這些制度的起草者，應該是決定組織發展方向的人，也唯有他們，才有權力防止官僚產生，不會讓立意良善的人事制度變成瑣碎的行政程序。領導團隊如果推卸這個責任，最後組織擁有的，往往是制式化的制度與流程。

有些領導者確實以效率與標準化之名，做了這種偷懶的事。他們的理由是，假如某個績效評估流程或薪酬制度，「適用於奇異集團或百事可樂公司，一定也適用於我們」。但問題是，他們帶領的並不是奇異或百事可樂公司。

事實上，**最好的人事制度通常也最簡潔**。這些制度的目的，不在於避免法律訴訟，或是模仿其他公司的做法，而是**讓主管與員工聚焦於對組織最重要的事**。正因為如此，為組織量身訂做、讓主管願意確實執行的一頁式績效評估表，遠比由組織心理學家設計的七頁式繁複表格，更有成效。

這個觀念至關重要。人事制度是強化組織核心觀念的工具，它為組織創造一個架構，把營運、文化與管理緊密結合在一起，主管不必隨時在員工身邊耳提面命。由於每家公司都是獨一無二的，因此，無法從網路下載一套一體適用的制度規章。

從接受面試到受到任用，成為正式員工，我們來看看一個組織最重要的人事制度有哪些。

## 從招募到聘雇，常犯的兩個錯誤

排除不對的人，把對的人找進組織，是領導團隊的重要工作之一。很少主管會駁斥這個說法，但真正做到的並不多。

最主要的原因是，大多數的組織並沒有界定出什麼樣的人是「對的人」，而什麼樣的人又是「不對的人」。換句話說，他們尚未釐清一套行為價值觀，來做為員工的篩選標準。

我在討論核心價值時，已談過這個觀念，這個觀念非常重要，值得一再提醒。沒有一套清楚的篩選標準，明訂什麼行為才適合組織文化，就貿然聘雇員工，很可能阻礙組織成功。而即便已界定出適當的行為與價值觀，也可能因為其他問題而無法招聘到理想的員工。所以，明確界定核心價值與制定適當的聘雇流程，兩者缺一不可。

關於如何雇用適合的員工，有太多人都過度強調面談與篩選流程的技能與經驗。這個情況發生在所有階層的聘雇流程中。大多數的主管都很容易受到應徵者豐富的知識與經歷迷惑，而把更重要的行為議題擺在一旁。他們忘了，技能可以訓練，但態度很難調教。

即便已界定出核心價值，並堅信其重要性，有時也會因為缺乏一套適當的聘雇流程，而未能雇用最合適的人選。我發現，大多數的企業主管常犯以下兩種錯誤。

## 直覺重要？還是制度管用？

許多主管（尤其是小型組織的主管）認為他們天生具有識人本領，不需要任何流程來礙事。

他們回顧過去經驗，回想曾雇用的優秀員工，藉此確信自己有能力找出有潛力的員工。然而，他們似乎忘了自己也曾雇用過一些不適任的員工，或是把這個錯誤歸咎於員工自身的行為問題。

不論原因為何，他們堅信自己是伯樂，不需要其他制度規章來輔助他們尋找千里馬。因此，這些組織的篩選、面談與評估流程都淪為形式。雖然主管在決定面談前會仔細審核應徵者的履歷，但在進行面談時，卻毫無規劃、各憑本事。他們幾乎不會為面談做太多準備，也沒有任何策略可指引他們辨識適當人選的重要特徵。

一個主管最重要的決定，就是決定誰可以成為組織一份子，卻用這樣的方式來處理，讓人不敢相信。我認為，這個現象之所以持續存在，是因為主管做出用人的決定之後，往往要經過很長一段時間，才會發現這是個錯誤的決定。

面談流程不夠嚴謹，導致組織裡的優秀員工愈來愈少，許多主管常因忙於日常業務，而沒有看出這個因果關係，更未察覺其嚴重性。我看過太多主管即便承認自己選錯人，卻仍然不改原有的聘雇方法，也不知道怎麼改進。

另一個極端情況，就是利用繁雜的制式表格、核准層級與分析流程，堆疊出一套繁複的聘雇流程，雖然耗費許多資源，但也沒能帶來較好的結果。這樣的組織往往貶低了判斷力的重要。這種情況在大型組織比較常見，這些組織過度重視行政流程，使得需要招聘新人的主管沒有機會運用常理與洞察力進行判斷。這種情況通常是立意良善的人資或法務部門造成的。

就像其他領域的專家一樣，人資部門通常試著引進高度發展的最新制度，卻也因此採用過度複雜或理論化的聘雇流程。這些流程理論上可行，但要教導每個用人主管遵守與使用，就有困難了。而法務部門則把重心放在如何規避法律訴訟（不論是在招聘過程或日後解雇時），於是他們竭盡全力排除主觀性（亦即判斷力），並建立愈來愈多的制度。

這兩種過度重視制度的做法，喧賓奪主，反而矇蔽了有效聘雇制度的真正目的：找到適合組織文化的人，創造員工與組織的雙贏。

其實最好的聘雇流程，只需導入適量的制度，確保此流程不偏離組織的核心價值就可以了。我認為聘雇流程寧可少、不可多。因為制定太多制度反而會阻礙主管的判斷力，更何況要在原本精簡的架構上加入少許制度，永遠比削減過度複雜的制度容易。

究竟該怎麼做呢？首先，這份聘雇表格最好不要超過一頁。表格正面說明流程如何進行，並描述核心價值，以及符合組織文化的相關行為指標。面試官和用人主管可以根據這份特質清單來進行篩選。表格背面可用來做筆記，記下應徵者值得留意的部分。

其次，這套做法應該在整個組織貫徹實施。對於工程、行銷與銷售人員，當然會有一些專業技能的要求。因此表格可另增一到兩頁的篇幅，詳列這些要求條件。但以整體適任性的評估來說，這是領導團隊的首要任務，必須遵循一套簡潔而統一的流程。

## 面談的目的

當價值觀、表格與其他相關流程都確定後，就務必善加利用，並確保執行的一致性。更重要的是，整個過程必須簡潔有彈性。

在進行面試時，許多主管所犯的錯誤和四十年前沒什麼兩樣。第一，他們會讓應徵者坐在辦公桌的對面，根據履歷表的內容提問。第二，多位主試者不會進行事前規劃，結果有好幾個人都問了相同的問題。第三，他們彼此不會互相討論面談的心得感想，只含糊地寫了一個「很好」或「不行」的評語，就交給協調面試流程的人。

既然面談的目的，是為了讓主試者盡可能多了解應試者的行為模式，我認為，如果應試者能夠離開辦公室，在一個比較自然的情境中做點什麼，效果應該比較好。重點在於，了解應試者是否能夠在組織的文化裡發揮所長，以及在職員工是否能與他合作愉快。

## 製造情境，測試行為反應

有一家獲利表現優異的大型企業以獨特的聘雇流程聞名，想擠進這家公司的求職者不計其數。這家公司的企業文化以幽默與謙虛為核心，它採取了一種不尋常的方法，來排除不適合這種文化的求職者。

有一次，有一群求職者前來應徵某個責任重大且專業技術要求相當高的職位。在開始進行面談時，公司要求所有的應徵者（恰好全都是男性）把西裝長褲換成卡其短褲。這表示這群應徵者要穿著西裝外套、領帶、皮鞋和深色襪子，並配上短褲，然後以這種滑稽的樣子一整天在企業總部走動。

有幾位應徵者不屑配合，覺得這種做法是在侮辱他們。有些人則顯得很不自在，也有些人選擇放棄，退出面試。公司欣然接受這些反應，因為他們成功地辨識出哪些人的技術能力雖然很強、但個性並不適合他們的組織文化。

有人可能會覺得這種做法是很幽默，卻也有點殘酷。但不能否認的是，這種做法對應徵者與公司都有好處，既可讓不合適的應徵者，不必經歷一段痛苦的工作經驗，也可以讓原本喜歡這個工作環境的在職者，不必忍痛看見自己喜愛的企業文化因此被改變。至於組織，也可因為免除不必要的人員流動，而省下大筆的成本。

最後，主試者必須在與所有應徵者面談結束後，聚在一起詳細討論他們的觀察，並做出結論。

我要再次強調的是，假如領導團隊不了解什麼樣的人適合或不適合組織文化，同時未能保持必要的一致性與彈性，積極參與聘雇流程，那麼即便有最完備的聘雇流程，也無法收到成效。

**職前訓練**

剛進入公司那段時間經歷的一切，最令人難忘，影響也最深。第一印象的效果非常深遠，體質健康的組織都懂得善用這個特點，把新進員工導引到對的方向。這意味著，職前訓練不該以冗長的公司福利與行政規定說明為主，而是要強化六大關鍵問題的答案。

當員工聽到主管談論公司存在的理由、根據哪些行為價值觀來篩選員工、公司打算如何求取成功與優先目標是什麼，以及領導團隊的成員分別負責什麼工作，當他們聽完這些後，就會知道自己能為公司帶來哪些貢獻。而這個想法往往會決定並支持這些員工在任職期間的行為與態度，當他們下班回家後，也會自豪地告訴家人，公司的專精事業與未來前景。

在現實世界裡，有太多的組織以完全不同的思維進行職前訓練。這些組織不把它視為強化重要訊息的首次機會，反而把責任丟給行政單位，而行政單位自然把職前訓練的重心放在行政事務上。當然，這種做法可以幫助員工知道該如何填寫保險文件，以及該如何使用公司的郵件系統，但這些新進員工的心中一定非常失望，因為他們正充滿幹勁，想在新公司闖出一片天。

組織裡的領導者，不管是基層主管或高階領導人都應該把握人員剛進公司，剛報到的頭幾天或幾週的時間。清楚指引新進員工，讓他們充分了解公司的方向，灌注他們工作熱情，並賦予使命感，這些是非常有價值的事。這也是絕佳的機會，稍縱即逝。

執行職前訓練的方法非常多，我不需在此一一說明，因為沒有所謂的正確做法。重點在於，以六大問題為核心，由領導團隊積極參與設計與執行。

## 績效管理

績效管理制度可能是組織裡最容易淪為官僚做法的制度，成效也最不可靠。這個詞彙含意不明且過於籠統，往往讓忙碌的主管一見就怕。因此，我覺得有必要為這個名詞下個清楚的定義。

基本上，**績效管理的核心觀念是：主管要讓員工清楚知道，主管對他的期待是什麼，同時提供定期回饋給員工，讓員工知道自己是否達成這些期待**。這個定義聽起來似乎很簡單，但這就是績效管理。

績效管理原本就應該是個簡單明瞭的概念。遺憾的是，只有少數組織真正知道該怎麼做，因為大多數的組織根本搞不清楚自己為什麼要進行績效管理，以致他們的做法搖擺不定，前後不一。

這些年來，由於社會訴訟風氣漸盛，企業主管擔心被解雇的員工會向公司提出告訴，消耗公司有限的財務資源。這種擔憂是可以理解的，因為只要展開訴訟，不論最後結果是輸是贏，公司都必須付出大量的時間與金錢。因此，法務部門會透過績效管理的制度來保護公司。他們要求主管保留詳細的文件記錄，在事態變嚴重之前，好讓對方知難而退，撤銷訴訟。

這種做法固然合乎邏輯，卻導致意外的惡果。最嚴重的影響是，主管與員工從此把績效管理制度視為對立的戰場，只帶來了緊張焦慮的攻防戰，而不是溝通。諷刺的是，這樣的結果只為組織帶來更多的法律問題。當員工把焦點放在自己得到的「績效評等」，主管把重心放在留存文件記錄，而不是教導員工，他們對彼此的信任必定蕩然無存，而管理與溝通的品質自然愈來愈惡化。

體質健康的組織認為，績效管理最主要的功能，在於消弭混亂不清的狀況。他們明白，**大多數員工都希望把工作做好、讓事情成功，所以唯有給員工清楚的方向、定期對他們的表現給予回饋，提供充分指導，員工才能成功，組織也才能成功。**

體質健康的組織知道，即便是最嚴謹的制度，也無法防範所有的法律訴訟，就算真的做到，為了避免訴訟而犧牲績效管理的良善初衷，其實是最划不來的。

最好的績效管理制度都非常簡潔，它存在的目的，是讓主管與員工針對正確的主題，展開有益的對話。

我在談論釐清核心問題的章節時，已提到這些主題，包括目標、價值觀、角色與責任。當組織建立簡潔且切中要點的績效管理制度時，主管就會比較樂意使用。這可幫助主管定期提醒員工什麼才是最重要的事，當主管與部屬之間不必花太多時間就可進行有意義的對話，他們之間就可建立互信。

績效管理制度還有一部分與解雇員工有關，這個部分涉及糾正員工的行為與記錄告誡事項，雖出於無奈，但不得不為。我把這個主題留給法務與人力資源的專家來處理。然而，我想提出一個觀念，組織應該把糾正行為的流程，與定期執行的績效管理流程分開，因為組織一定不希望員工覺得自己必須定期受到主管的質問，隨時有被辭退的可能。

## 薪酬與獎勵

已有太多書籍與顧問可提供更多關於薪酬與獎勵制度的技術層面細節。我只想提出一個重點，那就是獎勵員工最重要的目的，是激勵他們多做一些對組織有益的事。

這個觀念聽起來再直白不過了。但不知為什麼，大多數企業的薪酬與獎勵制度都脫離了這個目的。結果，這些制度喪失了存在的價值，反而成為阻礙而不是聚焦與激勵的工具。

領導團隊成員應該負責確保組織的薪酬與獎勵制度簡潔且容易理解，最重要的是，它設計的目的是為了提醒員工什麼才是最重要的事。領導團隊階層的薪酬與獎勵制度尤其必須如此，因為這群人得到的薪酬與獎勵，勢必會影響他們能否激勵公司的員工。

這些制度必須以六大關鍵問題的答案為核心。舉例來說，當員工得到加薪時，他們必須知道，這是因為他們的行為或表現符合組織存在的理由、核心價值、策略基準指標或是主題目標。當員工沒有得到他們期待的加薪或獎金時，他們必須了解，這是因為他們的行為或表現不符合這些要求。

主管必須藉由這些做法來向員工證明，什麼才是最重要的事，而且他們會貫徹執行。假如主管無法把薪酬與獎勵制度和六大關鍵問題連結起來，就是白白浪費了激勵與管理員工的最佳機會。

我很清楚並不是所有的薪酬決定，都能直接連結上與六大問題相關的特定行為或表現。我也知道，有時候員工得到二%的調薪，是因為主管最多只能為他爭取到這麼多。當這種情況發生時，主管必須讓員工清楚知道，他的表現沒有直接反映在他的調薪幅度上，而主管會設法消除這個差距。

**肯定一個人，不是口頭說說而已**

薪酬與獎勵固然重要，但在體質健康的組織裡，卻不是最有效或最重要的激勵工具。

我們公司有位顧問曾與一個非營利企業的領導團隊合作，這個領導團隊想找出方法，透過正式與非正式的獎勵與肯定，來強化組織的價值觀。領導團隊成員談到了幾位員工，其中一位資深的女性員工為某個重要計畫做出極大貢獻，而且具體實踐了公司的價值觀。

我們的顧問當場問這個領導團隊，「你們有告訴這位員工，她的表現非常好，而且你們認為她的行為足以成為其他員工的表率嗎？」結果，這些主管不好意思地搖搖頭，這令我們的顧問感到非常意外。

「我們現在把這名員工請到這裡來。」在座主管表現出遲疑的態度，不確定顧問是不是在開玩笑，於是顧問繼續說，「我是說真的，現在就去把她找來，把你們剛才告訴我的話，對她說一遍。」

幾分鐘之後，這位女性員工來到領導團隊的會議室。對於主管為何這麼急著把她找來，她露出困惑表情，當她被請來坐在會議室首位，她甚至有點嚇呆了。

接下來，領導團隊問她，她最近做了哪些事，請她解釋她正在進行的專案是什麼，以及她在專案裡扮演的角色。然後他們告訴她，他們非常賞識她的表現，她的行為實踐公司的價值觀，足以成為全公司的典範。

這位員工聽了之後，激動得差點落淚。當她的情緒平復後，她向領導團隊表示感謝，然後離開。接下來，我們的顧問問在場的主管，是否覺得給予員工當面肯定有助於員工持續實踐公司的價值觀。他們的答案都是肯定的。他們也承諾未來會多給予員工即時的當面肯定。

我時常告訴客戶，要隨時肯定表現良好的員工，正面肯定，是員工最渴望得到的。而當面給予員工直接的肯定，也是最簡單且最有效的激勵方式。

那麼，為什麼這種做法並不常見？原因之一是，許多主管認為最能激勵員工的是金錢。因此，他們忽略了真誠明確的賞識與肯定可能發揮的效用，而把重點放在財務性的獎勵，例如加薪與獎金。

此外，我也認為，這是因為許多主管不好意思當面稱讚員工，並擔心員工會以為主管想以一毛不花的稱讚，來取代金錢的獎勵。

但主管應該了解的是，不論哪個階層的員工，財務獎勵可滿足他們、但無法驅動他們。換句話說，員工希望得到與工作對等的薪酬，但額外金錢無法等比例地提高他們的滿足感。他們欣然接受金錢報酬，但真正能驅動他們的力量是感激、肯定、賦予重任及其他形式的真誠感謝。這類鼓勵，員工永遠不嫌多，永遠希望得到更多。

大多數組織把財務報酬看得太重要，而太小看非財務的報酬。這往往是因為他們認為員工之所以離職，是因為他們想要更多錢。這個誤解是可以理解的，因為許多員工在離職面談時總會提到這點。然而，假如員工在組織裡得到了他們應得的感謝與賞識，幾乎沒有人會為了多賺一點錢而離開。除非他們的薪資水準真的太低，為了生計只好跳槽。

## 「該做什麼來留住你？」

有個朋友在一家管理顧問公司工作了將近六年。他的薪水很高，但他因為受夠了被主管忽視的感覺，以及永無止息的政治角力，最後終於決定離職。

一位資深主管和他進行離職面談，這位主管不曾留意過他的表現，主管問他，「假如可以重頭來過，我們該做什麼事來留住你？」

我的朋友停頓了一會兒，笑著回答，「任何事。」

這個小故事並不是告訴主管，對員工可以小氣，而是要他們了解，世界上體質最健康的組織，薪水不一定最高，用金錢去解決透過管理就可改善的問題，其實是一種資源浪費。體質不健康的組織，總是想用勉為其難的加薪或虛偽的稱讚，留住心靈未獲滿足的員工，這些員工不但不會覺得受到尊重，反而會去尋找更合適的工作環境。

## 解雇的理由

我想談的重點，不是組織解雇員工的行政流程。我並不是說，這不重要。員工在離開組織所遭遇的對待極為重要，一方面是因為這對離職員工的人生影響至深，另一方面是因為在職員工會藉此觀察主管是如何看待員工的。

對一個體質健康的組織而言，解雇員工最重要的部分是：主管如何做出這個決定。主管必須是基於對組織價值觀的考量，而做出這個決定。

在一個體質健康的組織裡，當主管考慮解雇某位員工時，他必須從組織價值觀的角度出發（尤其要考慮到核心價值與基本價值），來評估這位員工是否真的不適合繼續待在組織裡。

假如員工的行為符合組織的核心價值與基本價值，也具備在組織內成功的特質，但工作表現卻不如預期，那麼組織該做的不是解雇他，而是進一步了解管理他的方式，設法給他成功的機會。

然而，假如組織的領導者有具體的理由相信，這名員工不符合組織的核心價值與基本價值，那麼即便他符合績效的基本要求，也應該設法幫助這名員工另謀高就。

留住表現優異、但行為不符合組織文化的人，會帶來許多問題。最大的問題就是，這個決定等於向所有員工宣告，領導團隊做一套、說一套。領導團隊容忍公然違背核心價值的行為，將會導致員工對他們的尊敬蕩然無存，而這種情況一旦發生，就難以挽回。

相反的，假如領導者做出困難的決定，基於價值觀的差距而解雇只求業績表現的員工，那麼他們傳達給全體員工的訊息就是：他們言行一致。他們通常會發現，在職員工的表現會突飛猛進，更加投入實踐公司的價值觀，而且由於員工的成功就是組織的成功，他們不必提心吊膽，員工追求自利的作為有一天會損害公司名聲。

## 有捨才有得

我曾雇用一位極有天分的員工，加入我的部門。當時我和部門裡的同事每個人都忙翻了，我很高興能找到人手來分擔工作。這位員工非常稱職，工作也很努力，但他顯然不認同我們部門的價值觀——團隊合作與無私精神。不過，由於我們都被工作量壓得快喘不過氣，於是我做了一個錯誤的決定：讓他升官！

所幸，我的幹部不怕向我直言：我已經公然違背了我們的價值觀——我獎勵了行為不符合部門文化的人。我無法否認自己做出了一個愚蠢的決定，於是我決定透過管理方法讓這位員工提高團隊合作的意願。

經過了幾個星期，這位員工顯然對於我的企圖不感興趣，因為他天生就喜歡成為眾人注目的焦點。不過，由於他的工作能力很強，於是我在公司的其他單位幫他找到了另一個職位，他的個性與價值觀非常適合那個單位。

這個做法除幫助我重拾部屬對我的信賴外，還產生一個令人意外的結果，我們部門的表現突然大幅提升。當那位不符合部門文化的員工離開之後，其他員工突然充滿了幹勁，工作情緒高昂。這個教訓有如當頭棒喝，令我終生難忘。

勉強留下與組織文化不符的人，對那個人也沒有好處，因為他知道自己與其他同事格格不入，他本人也同樣感到受挫。讓他離開，他反而可以去尋找更合適的環境發展。

## 檢查表：強化核心觀念

假如領導團隊的成員做到下列事項，就可確信已掌握這項原則。

- ☑組織內有一套簡單的方法，可以確保新進員工是根據組織的價值觀篩選出來的。
- ☑新進員工在加入組織後，有機會清楚了解組織的核心觀念。
- ☑組織內的所有主管會運用一套簡潔、一致且不官僚的制度，與員工一同設定目標並檢視工作進度。這套制度是根據組織的核心觀念制訂的。
- ☑對於不符合組織價值觀的員工，主管應該透過管理方法讓他離開。對於符合組織價值觀、但績效不佳的員工，則該給予他所需的指導與協助。
- ☑薪酬與獎勵制度是根據組織的價值觀與目標制訂的。

第三部

# 開會的奧妙

## 不可不學的四種高效會議

# 6

# 開對會議，效能加倍

會議太多，浪費時間？準備不周，會議失焦？常勝團隊常開的四種高效會議不可不學。

除確實執行四大管理金律外，還有個決定組織成敗的關鍵，那就是確保會議具有高度效能。

這是打造並維持組織的體質健康，很重要的一環。許多人一聽到開會，就覺得很反感，但其實只要改變開會方式，就能徹底扭轉情勢，讓以往無效率的會議脫胎換骨。

二十多年來的顧問經驗，每當有人問我如何快速準確評估一個組織的體質是否健康，我不會要求查看財務報表、巡視生產線，或要求和員工或顧客直接談話，我只想觀察領導團隊的開會情形。因為這是充分討論、建立並實踐組織價值觀的地方，也是領導團隊根據策略商議並做出決定，然後進行檢討的地方。

缺乏效率的會議，是導致組織不健康的溫床，而高效能的會議是團結一致、釐清狀況與溝通的源頭。

## 我們為什麼討厭開會？

很可能是因為會議總是無趣又沒有重點，既浪費時間，又讓人挫折沮喪。不知怎麼的，我們就這麼接受了這個事實，認為開會原本就這麼痛苦。我們非常認命地接受，把它當作組織裡的必要之惡。

我個人堅信，只要我們面對並解決多年來累積的錯誤，會議可以有效幫助我們達到目標。事實上，我曾以這個主題，寫了一本商業寓言小說《開會開到死》。我在書中談到一個開會的核心問題，我把它稱為「會議大雜燴」。

要了解會議大雜燴的觀念，請想像一個完全不懂廚藝的人，把冰箱裡所有的食材統統丟進大鍋裡煮，然後煮出一鍋難以下嚥的食物。當主管把所有的問題拿到會議中一次解決，就犯了相同的錯誤，這種會議通常就叫做「幹部會議」。他們常常把行政性議題、戰術性決策、創意性腦力激盪、策略性分析，以及私人討論混雜在一起，想要畢其功於一役。最後，就像那鍋難吃的大雜燴一樣，每個人都對會議結果不滿意。

問題在於，人腦無法同時處理這麼多不同類型的議題。人腦在一個時間點能夠處理的事項，必須明確且聚焦，這表示我們必須針對不同的議題把會議區分成好幾類。沒錯，這意味開會的次數會變多而不是變少。

想要打造健康的體質，領導者不該試圖把所有問題混在一起或加以壓縮，藉此減少會議的次數，或縮短開會的時間。他們應該確實了解每一場會議的目的，然後設法讓這些會議達到成效。如此一來，主管會開始期待開會，甚至喜歡開會。因為他們在這些會議中有效解決問題，讓自己和員工都得到解脫。

## 圖13 | 會議分為四類，效能反而加倍

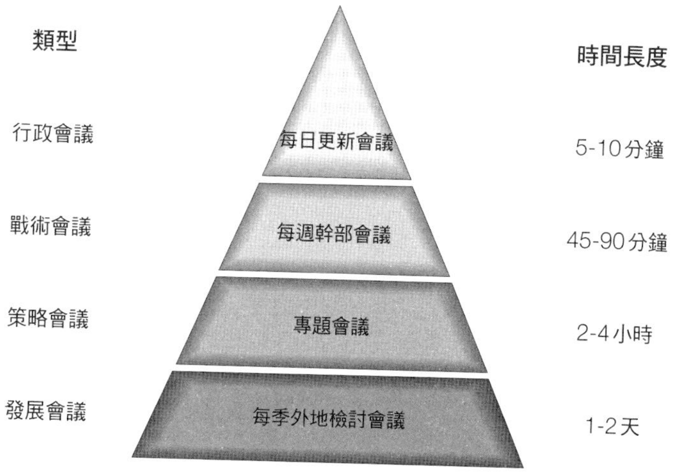

體質健康的組織，通常將會議分為以下四種類型：

## 每日更新會議，只要十分鐘

這類會議重要性最低，但如果能夠每天做到，效果會非常好。會議主要目的是讓領導團隊習慣每天碰面，在十分鐘之內澄清需要彼此知會的行政事項，行程、活動、議題變更之類的事。

會議中並沒有該討論的議題或需要解決的事，只是交換訊息，團隊成員最好站著開會。這種每日更新行政事務的目的，只是為了讓領導團隊習慣每天進行簡單的對話，並解決例行性事項，以免阻礙幹部會議中對重要議題的討論。

每天開十分鐘會議最大的好處，就是可以迅速解決不重要的小事。這些小事不及時解決，會讓情況惡化，形成不必要的麻煩。

假如領導團隊一週見不到一次面，他們就必須透過電子郵件、語音留言或是不期而遇的碰面機會，來解決層出不窮的行政事宜。當情況產生變化，事情涉及更多人時，就會有更多電子郵件和語音留言的往返，以及更多人在不期而遇碰面時，必須停下腳步談事情。如果你曾實際計算主管們互相追問某件事所耗費的時間和精神，你一定會發現，主管們只要每天齊聚幾分鐘，同樣的問題只要花三十秒就可以解決。

每日更新會議最大的好處，在於領導團隊成員知道在二十四小時之內就可以見到其他同僚，因此，遇到小問題時，他們不需要發電子郵件、留言或是打斷同僚當日行程，只需把問題記下來，在隔天會議中提出就可以了。這種做法的成效往往很驚人，而且可以大量減少瑣碎的聯絡往返。每回當我聽到有主管說他們沒時間開每日更新會議時，我都會覺得理由很荒謬。因為不管多忙，每天一定可以抽出十分鐘的！

一旦習慣了每日開更新會議，並了解它的好處之後，就會上癮了。

一家矽谷公司的領導團隊雖然實行每日更新會議，但他們還沒有完全體認到這個會議的價值。就因大多數團隊成員在某一段時間同時去度假，而暫停召開每日更新會議。當所有人回到工作崗位後，每日會議並沒有跟著恢復。

幾個星期之後，團隊成員開始覺得彼此變得有點生疏，他們這才發現，他們已經很久沒開每日會議了。公司總裁也意識到這點，他說：「我現在才發現，以前因為每天開會，儘管只有十分鐘，感覺卻非常親近，在溝通協調上，也真的省下了不少時間和精神。」

要習慣每天開會，可能需要幾個星期或一個月的適應期。**一旦建立這個習慣，領導團隊大都會很意外的發現，他們可以在很短時間內，和同僚建立起相當深厚的關係。**此外，他們能更迅速解決一些小問題，把更多時間和精神專注在其他三種會議上。

## 戰術性幹部會議，調整部門優先事項

主管之所以對開會有許多抱怨，通常是針對每週、雙週或每個月召開一次的幹部會議。因為這正是會議大雜燴上場的時候。

事實上，對任何組織來說，沒有一種會議能比領導團隊的定期幹部會議更有價值了。但如果這個會議無法發揮它真正的功能，就難以建立一個團結的團隊，甚至是健康的組織。

要讓幹部會議達到成效，領導團隊必須遵守幾個重點。其中有不少要點已在前面章節提過。舉例來說，領導團隊的人數要是太多，或團隊成員不信任彼此，不願意發動建設性衝突，那麼不論怎麼改變開會的方式，也不會有太大效果。

領導團隊如能確實做到限制人數與團結一致，接下來，他們就必須在召開幹部會議之前，以及在開會的時候，改變一些原有的習慣，才能讓會議變得有效、務實，甚至令人愉快。

## 即時產生的待議事項

要提升幹部會議的成效，領導團隊首先要做的，是改掉他們之前在開會前習慣做的一件事，那就是令人望之生畏的擬訂冗長的待議事項。

在開會前先擬出待議事項，就好像一位婚姻諮商師在未和一對夫妻見面進行諮商之前，就先列出該進行諮商的議題一樣。事實上，要等到團隊成員齊聚一堂，評估組織面臨的狀況時，他們才會知道真正該討論什麼議題。

因此，團隊成員應該做的，不是在開會之前擬出議題，而是在會議開始進行時先花十分鐘，一起想出重要的待議事項。這包含以下兩個步驟。

首先，團隊領導者要請每位成員用三十秒的時間，向大家報告他認為他帶領的部門那一週正在進行的最重要活動，舉出兩、三項。請注意，我說的是，「他們認為的」最重要活動。當所有人報告完畢，而團隊也評估過組織的現況之後，他們有可能必須調整部門優先事項的順序。

當所有人都花三十秒的時間報告完自己部門的優先事項（不需詳述），領導者就要帶著團隊進入第二個步驟。這個步驟需要用到他們自己制訂的一頁式計分卡或表格——上面列出他們的主題目標、定義型目標，以及標準作業目標。

我在第二項管理金律中討論「現在什麼對我們最重要」時，曾提出一個簡單的圖表式架構。

這個評估主要是以客觀的角度自問：我們認為最重要的事，到底進行得如何？團隊成員自我評估的方式，是運用一種使用簡單且容易理解的方法：顏色標示。

沒錯，不論組織蒐集了多少數據，團隊成員是多麼學有專精，要快速掌握組織的進度，並決定把有限的資源分配在何處，最好的方法就是讓評估的流程愈簡化愈好。我覺得用綠色代表「一切很順利，進度超前」，黃色代表「情況還可以，但還沒有達到預定的進度」，紅色代表「進度落後」是最好的方法。（如果你想要其他顏色，我也不反對。）

領導團隊只需要花五到十分鐘的時間，就可以把計分卡上的每個項目都檢討一遍，為每個項目標上顏色。每個人會根據他們的觀點對每個評分發揮影響力，這是個好現象。

事實上，團隊成員往往可以透過同僚的評估，更加深入了解實際的情況。舉例來說，有位主管說，「在更新行銷口號的項目上，我給綠色。」另一位主管回應，「你在開玩笑嗎？你看到上星期的焦點團體結果了嗎？」第一位主管瞪大了眼睛，「我沒看見。他們怎麼說？」於是第二位主管向他解釋情況，「他們對我們的新點子反應非常差，我們又回到了原點。」結果所有人都同意，這個項目應

## 圖14 ｜ 戰術性會議計分卡

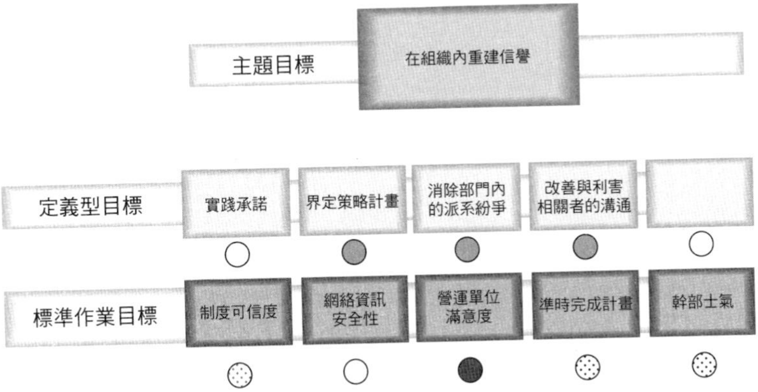


綠色＝未上色；黃色＝陰影；紅色＝深色；黃綠色＝淺圓點；橘色＝深圓點

該評估為紅色。

當團隊為所有的項目標示完顏色後，他們就能從這個過程中確實了解情況了。唯有到這個時候，他們才可以開始討論會議的待議事項是什麼。基本上，他們應該會把焦點放在計分卡裡被標為紅色或橘色，或是其他一、兩項特別重要的事項。

**即時擬定待議事項，最大優點是可避免一個常發生的狀況：所有人坐著聽某個人做簡報，或是討論一些大家都覺得不重要的問題。**

當團隊成員事先提出待議事項，我們總是難免受到某些擅長為議題宣傳的成員影響。於是，我們常常莫名其妙地在幹部會議中聽了四十五分鐘的多媒體簡報，聽完關於人資部門是如何選擇某個員工福利計畫的廠商，而事實上這個員工福利計畫並不是那麼重要，根本排不進計分卡的優先注意事項中。當然，假如公司正因為員工福利的問題面臨離職率偏高的情況，而這個議題是領導團隊急需解決的問題，又另當別論。

但做出這個決定，必須是因為他們覺得這個議題值得大家花時間和精神來討論，而不是因為他們想要成全某個喜歡吸引眾人目光的成員，給他表現的機會。

領導團隊在幹部會議中可能面臨的另一個挑戰是，有人提出不屬於戰術範疇的重大議題。雖說團隊成員可能會因此覺得終於有點新鮮的議題可談，但這可能會帶來兩個問題。

第一是這個額外議題導致會議脫離正軌，使得許多應該在幹部會議中討論的戰術性議題被擱置。第二，團隊成員其實沒有事先被知會或做好準備，也沒有足夠的時間在會議中討論出解決方案。因此，健康組織的領導團隊必須召開第三種會議。

## 專題會議，專解高難度問題

專題會議是最有趣、也最吸引人的會議。事實上，高階主管應該最能從這種會議得到樂趣。

這種會議的目的，是深入挖掘重大議題，包括可能對組織產生長期影響的議題，或是需要耗費大量時間和精神來解決的問題，如重大的競爭威脅、產業的巨大變遷、營收數字的劇烈變化、重大的產品或服務缺口，甚至是員工士氣突然降到谷底等。

比起例行性的幹部會議，團隊成員必須為這些議題付出更多的時間心力去準備。事實上，這些問題不太可能在一、兩個小時內解決。他們需要擬定議題、粗略檢視基本的研究內容、為可能的解決方案進行腦力激盪、針對這些方案的優缺點進行討論，最後做出大家都願意執行的決定。這些過程相當耗時。

然而，領導團隊鮮少為這些議題挪出充足時間。他們的做法往往是把幹部會議延長十五分鐘，企圖在戰術性與行政性議題中，插入重大議題的討論。最後，他們只會得到不盡人意的結果，以及滿腔的挫折感。這種挫折感主要來自他們心知肚明自己做了不夠好的決定，他們也隱約感覺到，他們放棄了職業生涯中最想做的事。

請讓我說得更清楚一些。大多數選擇從事商業管理的人，都幻想自己有一天能與一群同事圍坐在會議桌旁，為困難的挑戰進行腦力激盪，每個人運用自己的知識、經驗與直覺，一同做出正確的決定。這是他們在商學院念書、進行個案研討時的情景，這樣的過程充滿了樂趣。但畢竟在課堂上進行個案研討，只是模擬真實的情境，他們最期待的，還是將來有一天能針對自己面對的真實議題，做出具體決定，親自去體驗與承擔決策的結果。

但在現實世界裡，企業主管往往被排山倒海而來的電子郵件、語音留言與行政事務淹沒，他們幾乎無法挪出足夠的時間，與同僚在緊張的氣氛中運用縝密的思維，進行充滿挑戰與樂趣的對話。

這樣的反差真的很荒謬。這就像是一位棒球選手一輩子努力練習，最後終於有機會進入大聯盟，結果他把所有的時間都拿來練習揮棒，卻從不下場比賽。或者，當他終於下場比賽時，他卻草草結束了上場的機會，然後趕著回去練習揮棒。職業棒球選手的事業高峰，是靠下場參與比賽創造出來的，而組織領導者的事業高峰，也是在處理一個又一個的高難度問題下締造的。捨棄這些高峰時刻，一點也不合乎情理。

最令人遺憾的是，這全是因為企業主管誤以為會議是必要之惡。為了追求效率，他們把所有的討論事項都塞進幹部會議裡，以便縮短開會時間。但結果往往是，幹部會議沒有解決應該解決的問題，而重大的議題，也就是特殊的主題或策略性的議題，又全被草草帶過。

領導團隊應該學會把戰術性的對話與策略性的討論分開。把這兩種議題混在一起不僅行不通，還會讓兩者無法得到應有的妥當處理。

至於專題會議應該多久召開一次，沒有一定的答案，因為沒有人能預料重大議題什麼時候會出現。不過，假如領導團隊一個月開不到一次策略性會議，可能就有問題了。

假如領導團隊採用本章提出的開會分類模式，他們會設定出一些需要深入研究、待解決的重要議題，這類會議的召開次數就會變得比較多。這並不是問題，專題會議本來就是為了解決重要事項而開的。沒有一位主管會抱怨自己花太多時間討論組織的重大議題。

## 每季外地檢討會議，取得新觀點

領導團隊應該召開的第四種會議，是一般人常說的「外地會議」。這種會議的問題是，它往往淪為加長版兼豪華版的無成效幹部會議。事實上，外地會議應該是為了特殊的重要主題而開的。因此，團隊成員需要脫離日常的管理事務，以取得新觀點，所以他們最好在遠離辦公室的外地開會。

應該在這種會議中討論的議題，包括檢討組織的策略基準指標與主題目標、評估重要員工的績效表現、討論產業的變化與競爭優勢受到的威脅，以及檢討團隊成員是否保持團結一致。基本上，領導團隊應該透過外地會議來檢討本書提及的四個重點：團隊運作、釐清狀況的成效、溝通管道與人事制度。

和上述三種會議不同的是，第四種會議的開會時間較沒有彈性。戰術性幹部會議可以每週或雙週開一次，專題會議可以在有重要議題出現時才召開，唯獨在外地舉辦的檢討會議必須每季開一次。這種會議每年開四次最為合理。若多於四次，會議之間的期間太短，重大決策的成效，以及市場或公司的趨勢變化還看不太出來。若少於四次，團隊成員往往會忘記上次會議討論了什麼，將難以連貫並延續上次會議的主題。

最後，在這四種會議中，每季檢討會議可能是唯一需要讓外部顧問介入的會議。團隊領導者此時最好以團隊成員的身分參與會議，由值得信賴的顧問來主持並引導會議的進行。

## 花太多時間開會？

每當有主管告訴我，定期開四種會議的做法不太務實，我就會請他試著把一個月內開四種會議的總時數加起來。

假如我們用最密集的頻率來計算（每天開十分鐘每日更新會議、每週開兩小時戰術性幹部會議、每個月開六小時專題會議、每季開兩天發展檢討會議），會發現開這四種會議每個月總共花費一千五百六十分鐘，相當於二十六個小時。

我們假設領導團隊成員每週工作五十小時，這就表示他們每個月有一三％的時間用於開會。假如他們每週的工作時數是四十五小時，就相當於一四%。換句話說，即便我們花了最多的時間開會（其實很少領導團隊需要如此），我們仍然有超過八五%的工作時間可以自由運用。

有些主管會說，他們不只參與一個團隊，因此我提出的開會模式不適用他們。即便某位主管同時隸屬於三個團隊，而這三個團隊都花了最多的時間來開會（這種情況不太可能會發生），他們仍然有一半的工作時間可以自由支配。當我們考慮到他們在這些會議中可以有效解決問題，以及省下與同僚步調不同導致的時間浪費，事實上，他們開的會議愈多，所創造的價值就愈大。

最後，我們來問一個值得思考的問題：除開會外，主管還應該做些什麼事？發電子郵件？分析資料？拜訪客戶？這些當然都是。不過，組織領導者的首要工作，是創造一個可以讓員工順利完成這些事的環境。假如他們開會沒有成效，就無法創造出這樣的環境。

那管理呢？主管不需要花很多時間管理員工嗎？除成為稱職的領導團隊成員外，主管的首要職責就是管理部屬，然而事實上，主管是透過會議來完成大部分的管理工作。當然，他們還需要花時間與部屬進行一對一的指導，但那不是許多主管抱怨開會時間太多的主因。假如他們開對會議，能確實得出結論並貫徹執行，他們在開會以外的時間，就不會忙於應付許多衍生出來的問題，包括管理部屬。

這個道理值得一再重述：主管之所以每天花很多時間解決問題，是因為他們在領導團隊會議中沒有徹底解決某些議題，以致在會議結束後，仍然需要花時間解決衍生出來的問題。因此，假如他們懂得開對會議，就不會再抱怨花太多時間開會了。

## 改變開會方式，成效馬上看得見

有個附屬教會的服務性組織，內部發生一些問題，他們認為這些問題已對他們的客戶產生影響。這個組織的領導者做了許多改善組織體質的事，而他們也認為，重新架構領導團隊的開會方式，是組織獲得改革的一大關鍵。

「我已經五十八歲了。我從來沒想過，增加開會次數，反而可以提高生產力，但事實確實如此。我們對開會的看法從此改觀。」

我的顧問公司曾經給予客戶許多建議，而客戶對於我們建議的開會模式，都表現出最高的接受度。許多客戶採用本章提供的開會模式之後，很快就看到組織成員的改變，而且立即反映在組織經營成效上。

最後，請大家切記，除每日更新會議外，領導團隊成員在每次開會即將結束時，必須共同釐清他們在會議中做出了哪些結論，以及回到部門後要向部屬傳達哪些訊息。這是在第三個管理金律提到的階梯式溝通。

## 開會的檢核清單

假如領導團隊的成員做到下列事項，就可確信已掌握這項原則。

☑戰術性與策略性的議題安排在不同的會議中討論。

☑在進行戰術性幹部會議時，團隊根據組織的目標檢視執行進度後，才共同決定待議事項。重要性低的行政性事務不會被排入這個會議中。

☑在進行專題會議時，每個重大議題都有充足的時間進行釐清、辯論，並得出解決方案。

☑領導團隊每季會在辦公室以外的地方開會，檢討產業、組織與團隊裡發生了哪些事。

# 7

# 現在，什麼才具優勢？

調整體質，才有機會，發動改變的關鍵在領導者。

體質健康可創造出驚人力量。一流主管都知道，能讓領導團隊以六大問題的答案為核心團結起來，向員工傳達並不斷強化這些核心觀念，必定能創造驚人的優勢。有不少體質健康的組織已證明這個事實，只是絕大多數的企業卻仍未具備健康的體質。

但這個情況即將改變。

有愈來愈多的領導者已意識到，調整體質，才有機會，讓體質強化起來，是新的競爭決勝關鍵。有許多主管正在調整心態，開始在組織裡建立本書提及的四大管理金律。

愈早採取這套做法，將能取得愈大的競爭優勢，與後知後覺的競爭對手做出區隔，脫穎而出，把對手拋在腦後。

不過，他們也必須遵守幾個重點，以免一開始就走錯路，或是招致不必要的反彈。他們要先做一些事，以取得貫徹到底的動力。更重要的是，主導這套做法的領導者必須先知道，前方有哪些難關等著他們去突破。

## 成敗關鍵在領導者

我在書中提到的許多觀念，其實都非常簡單。要建立體質健康的組織，成敗關鍵往往在於團隊領導者。但我認為許多領導者還沒意識到自己的責任重大。

有許多領導者以為，讓組織體質強化起來的工作，可指派給其他人去做。有些人希望藉此展現，信任部屬可達成使命；也有些人是因為他們寧願把時間用在他們以為更有意義的事情上。不論出發點是什麼，都會造成組織體質不健康。

決定組織體質是否能夠變健康，有個關鍵因素，就是帶頭的人是否徹底投入並積極參與。對大型企業來說，這個關鍵人物是執行長；對小型企業來說，則是老闆。對學校來說，是校長；對教會來說，是牧師。而對企業部門來說，則是部門主管。

在每個實踐步驟中，領導者必須帶頭向前衝，不是在一旁做個啦啦隊長，而是扮演堅持到底、不輕言放棄的火車頭。

為了建立團結一致的團隊，即便其他成員一開始興趣缺缺，領導者仍然必須努力推動大家向前，他們必須以身作則，率先去做最困難的事，包括向他人坦承自己的缺點、發動有建設性的衝突、勇於糾正同事的行為，或是在團隊成員只顧自己的部門權益時，適時提醒他們。

在釐清六大關鍵問題時，即便所有成員為了想早點結束會議而表面上表示妥協，但實質上仍各持己見，團隊領導者這時更要嚴正把關，不讓眾人草草了事。

而在釐清問題的答案之後，則要不斷提醒團隊成員，從他們的行為是否符合組織的價值觀，到他們是否真切回應團隊的團結警訊，時時刻刻耳提面命。

儘管繁瑣辛苦，也不能把向員工傳達，並強化核心觀念的工作指派給別人。他們必須孜孜不倦地提醒組織的所有員工，什麼才是對組織最重要的事。同時也必須防止組織的制度發生互相矛盾與前後不一的情況，以免導致員工困惑與官僚制度產生。

這些責任聽起來或許令人卻步，但領導者的責任就是如此重大。

想要帶領一個體質健康的組織，領導者必須負起無私奉獻的重責大任。他們或許需要把技術性的專業工作交派出去，甚至把他們最鍾愛的角色交付給他人扮演。當領導者善盡職責，創造了體質健康的組織，組織裡的每個人自然會把其他工作做好。

假如組織因體質不健康而衍生層出不窮的混亂局面與政治角力，就算再努力，或有再先進的技術能力，也無法力挽狂瀾。

### 關鍵步驟：開會、溝通、提醒

為了提高成功率，領導團隊必須先採取幾個重要步驟，以開啟組織向前邁進的動力。

首先，要設定展開行動的日期，亦即首次外地會議。領導團隊暫時離開辦公室兩天，著手執行前兩項原則，也就是建立團結一致的團隊，以及釐清核心問題，以創造組織透明度。當這兩天的活動結束時，團隊裡將會充滿強烈的互信與合作精神，對於六大關鍵問題，也會得出具體的答案。

外地會議結束後，領導團隊必須製作自己專屬的劇本——六大問題的簡潔版答案，以及一些與行為目標和分工合作模式相關的事項。當劇本內容確定，並取得共識後，接下來的步驟就是透過適當的方式向全組織的人溝通。

這是首次溝通，接著領導者必須不厭其煩地透過各種溝通方式，不斷提醒員工這些內容。最後，領導團隊需要花一點時間設計制度（可能需要一段不算短的時間），把劇本的內容融入每個人事制度中，以強化組織的核心觀念。

每個組織、每個領導團隊經歷的過程多少會有些出入。這是件好事。一體適用與缺乏彈性的做法最後往往行不通，反而會導致團隊因嫌麻煩而擱置這個計畫。一開始的前幾個步驟，大約需要一到六個月的時間來進行，要看領導團隊分配多少時間與精神在這上面而定。這些步驟完成後，領導團隊就在組織內創造了極大的動力，於是他們必須持續進行下去，沒有懈怠的餘地。

他們的工作到這裡還沒有完全結束，應該說，他們的工作永遠沒有結束的一天。就像要維持一段婚姻一樣，當事者需要時時留意狀況，不斷付出努力：維持團隊的團結氛圍、檢視六大問題的答案、再三傳達與強化核心觀念。這份工作雖然辛苦，但鮮少有領導者後悔自己為這些事付出大量的時間和精神。

事實上，他們後來往往非常喜歡這份工作，因為他們見證了乍看之下如此簡單、不複雜的做法，卻可以創造出如此大的效益。

## 滿懷信心去上班，帶著成就感回家

最後，值得一提的是，組織體質變得更健康後，影響範圍會超越組織本身，擴及顧客與供應商，甚至是員工的配偶與小孩。當員工早晨上班時，他們非常清楚自己要做些什麼，同時心中充滿希望與期待。

當他們回家後，心中充滿成就感，因為他們知道自己為組織做了哪些貢獻，並因此對自己充滿自信。這些感覺非常重要，但難以量化衡量。

每當夜深人靜，或在我們即將退休之際，當我們回顧這一天，或這一生曾全心投入的工作，我們會滿足地發現，我們曾努力創造了一個體質健康的組織，並因此造福了許多人。我想能讓我們像這樣覺得不虛此生的事，恐怕很少吧。

# 績優團隊、各界精英一致推薦

「本書必將成為商管書的經典。就算是最傑出的領導者，在讀過本書之後，也會在心中思索，『我們怎麼還沒在公司裡這麼做？』」

——賽門鐵克（Symantec）總裁兼執行長塞倫（Enrique Salem）

「我運用藍奇歐尼的方法，來管理我的部門已超過十年，從來沒有失望過。」

——美國電話電報公司（AT&T）服務管理副總裁弗瑞多（Rick Friedel）

「本書是我讀過最有用、也最實用的商業管理著作。推薦必讀。」

——西南航空前總裁巴瑞特（Colleen Barrett）

「有人才，未必就能打造贏的團隊，本書提出的準則與方法，使我們終於得以讓優秀的員工盡情發揮所長。我們親眼見證了組織裡發生的轉變。」

——美國公共醫療保健系統Carolinas HealthCare System
資深副總裁伯爾（Steve Burr）

「我們在追求組織健康所下的工夫，幫助我們發現公司的危機。這危機並非來自外在環境，而是因為我們無法團隊合作，才導致營運不彰。當我們把組織健康視為第一要務，我們從此改頭換面。」

——通訊系統製造商Clear-Com總裁兼總經理丹尼洛維茲（Matt Danilowicz）

「我們學到一個道理，若想要拯救生命，就必須成為體質健康的組織。健康組織的觀念，幫助我們釐清自己的使命、該做什麼事，以及對人們的行為該有什麼期望。這套方法幫助我們減少政治角力，大大提升了我們完成使命的能力。」

——紐約器官捐贈組織（New York Organ Donor Network）

前總裁兼執行長伯格（Elaine Berg）

「有一段時間，身為業界龍頭的我們，經歷了成長的劇痛，不知道該何去何從。但自從我們以健康組織做為所有作為的核心之後，組織營運重新上軌道，而且充滿活力與衝勁。我們的員工、客戶、家人與公司獲利，全因我們以組織健康為第一要務，從中獲益。」

——醫界網路人力銀行PracticeLink.com創辦人兼執行長歐曼（Ken Allman）

「藍奇歐尼教導各個階層的企業主管如何避開重重阻礙與綁手綁腳的組織文化，創造出旺盛生產力，以及溝通順暢的企業文化。」

——《紐約時報》暢銷書作家藍西（Dave Ramsey）

「我們的團隊成員都是高學歷、有企圖心、有獨立思考能力的人。我們一接觸藍奇歐尼提出的原則，立刻知道這就是我們要的，並隨即付諸實行。我們的組織現在已變得更健康，隨時準備好迎接任何重大挑戰。採用這套方法已成為我們的策略優勢。」

——私募股權投資公司GI Parters總經理弗格里歐（Alfred Foglio）

「我們做到了別人認為經濟衰退時期辦不到的事——創新事業，並以指數速率成長。我們運用藍奇歐尼的方法，創造出健康的組織，這是我們公司的生存之道，也是我們每天必做的事。」

——健康飲食網站My Fit Foods營運長唐森（Liz Townsend）

「我們公司的團隊和主管發自內心認同藍奇歐尼的方法。我們把他的觀念付諸實踐，事實證明，他的觀念真的有效可行。」

——起士工廠（The Cheesecake Factory）營運長高登（David Gordon）

「當我告訴管理團隊，我們要致力推動健康的組織體質，每個人都一副不以為然的表情，認為公司要開始走真情流露的交心路線。不過，他們很快就發現，完全不是這麼回事。在推行藍奇歐尼的方法後，我們現在知道自己的角色定位、該做些什麼、這麼做的理由是什麼，以及什麼樣的人可以在公司得到升遷。我們的組織文化與公司獲利，都因此有了大幅改善。」

——馬術教練公司Downunder Horsemanship執行長安德森（Clinton Anderson）

「我們致力追求組織健康。經過兩年的努力，我們得以在市場最不景氣的時候，創下最亮眼的成績。假如沒有採納藍奇歐尼的方法，絕不可能如此成功。」

——麵粉公司Bay State Milling總裁樂凡奇（Peter Levangie）

「我們對組織健康所做的努力，讓我們的孩子們真的有機會上大學。我們建立的團隊、文化與制度，幫助我們克服無法避免的重重挑戰，達成目標。」

——美國公立學校體系IDEA Public School創辦人兼執行長托克森（Tom Torkelson）

「健康組織的原則影響我們公司至深，同時推動我們不斷成長。釐清核心問題幫助我們統一步調，並讓我們意識到公司在許多方面需要進行徹底改變。在決心與毅力的支持下，我們超越了所有的目標。」

——藍領（TrueBlue）人力派遣公司總裁兼執行長庫柏（Steven C. Cooper）

「我們以藍奇歐尼的方法做為長期策略規劃的核心，得到了驚人的成果。員工滿意度、溝通、協力合作與團隊合作都獲得大幅改善——使得我們連續六年名列《公司》雜誌成長最快速企業名單。」

——Welocalize語言翻譯公司執行長耶沃（Smith Yewell）

「我們運用健康組織的工作模式，創造出生產力旺盛的非凡工作環境。設計與營建同業都注意到了我們的改變，還有許多外界人士在問，我們的方法有何特別之處。」

——PDR營造公司地區經理里歐波得（Jay Leopold）

「我們在追求組織健康所做的努力，讓醫院重獲新生，擁有今天的地位。」

——美國北卡羅萊納州喬萬醫院（Chowan Hospital）總裁薩克里森（Jeff Sackrison）

「我們長期專注追求組織健康，為我們帶來了實質的競爭優勢。如能早一點接觸到藍奇歐尼的觀念，就會減少受到一些複雜難解的領導與管理理論誤導，而多一些有實際成效的領導者了。」

——業務流程外包公司 Williams Lea 總經理山森（Gordon Samson）

「在推行健康組織的原則之後，我們在過去十八個月的表現，遠比前四年的進展要好多了。一開始許多員工放不下過去的習慣，並認為我們無法真正改變。但事實證明，我們辦到了，搖身一變成為成效卓著的團隊。」

——北卡羅萊納浸信會執行長薩瑟（Lynn Sasser）

「過去三年經濟局勢混亂，但我們公司成長超過五〇%。這樣的成功始於藍奇歐尼令人耳目一新的觀念，以及我們致力追求組織健康的決心。在就學與就業期間，我始終把重點放在『聰明』，而不是『健康』。結果導致失衡，所幸現在情況已經獲得扭轉。事實可以證明一切。」

——Insight Investment投資管理公司總裁赫德（Richard M. Heard）

「我們公司內部紛爭始終不斷。我們雖然擁有很好的營運模式，但顯然還需要一些更根本的東西。我們需要盡釋前嫌，建立一個更有向心力的領導團隊，讓組織透明化；換句話說，我們需要建立一個更健康的組織。這個過程漫長而艱辛，但在這個涉足業務廣泛的公司裡，我們的員工現在已經能夠共同合作，而不是互相攻擊。」

——GENCO ATC物流供應商，逆向物流與再行銷副主席奧瑞（Robert R. Auray）

「自從採行藍奇歐尼的方法後，我們公司的績效就大幅提升。我們變得更靈活、更有效率，也更團結，還能夠專注於重要的挑戰上，而不被日常瑣事分心。這套新方法為我們帶來了更多的活力與樂趣。」

——全球UHF RFID技術供應商Impinj執行長卡勒蘭（Bill Colleran）

「健康組織的概念讓我們的管理團隊得以在全公司推動健康的行為。過去十八個月以來，這套方法一直為我們公司帶來成長。」

——HMD幫浦公司總經理葛匹（Colin Guppy）

「我們一直視自己為聰明的企業，從來不思考組織健康方面的事。最近，我們改變了做法，並且見證了來自員工與顧客的熱烈反應。」

——加拿大出口發展局（Export Development Canada）銷售副總史隆（Tom Sloan）

「藍奇歐尼追求健康組織的觀念，對我們公司的成功厥功甚偉，也是我們新成立的領導力中心的核心基礎。」

——美國牙醫夥伴（American Dental Partners）執行長薩雷歐（Greg Serrao）

「我們的領導團隊原本已經進入學習高原心態，對外界的快速變化已無力招架。在採用藍奇歐尼的健康組織模式之後，領導團隊開始團結合作，這個改變影響了整個組織。一個外部評鑑團體表示，我們再造的組織文化，讓我們能在未來持續保有成功。」

——麥格諾利亞地區醫學中心（Magnolia Regional Health Center）執行長耐普（Ricky D. Napper）

「藍奇歐尼提出的團隊合作與健康組織的概念，讓我們能夠聚焦於我們的使命，協助我們達成卓越的成果。所有組織應該都可透過這些原則受惠。」

——HBK Capital Management 投資管理公司總裁海利（David C. Haley）

「組織健康是我們企業文化的基石，為我們的日常工作提供藍圖。為了維持健康的組織，我們做了一些重大決策，過去幾年來，我們的現金流量增加了，管理團隊變強了，也讓哈雷機車事業獨立出來。」

——史考特費奇企業（Scott Fischer Enterprises）創辦人兼執行長費奇（Scott Fischer）

國家圖書館出版品預行編目 (CIP) 資料

對手偷不走的優勢 / 藍奇歐尼(Patrick M. Lencioni)
著 ; 廖建容譯. -- 第一版. -- 臺北市 : 遠見天下文化,
2014.01
面； 公分. -- (財經企管 ; CB518)
譯自 : The Advantage : Why Organizational Health
Trumps Everything Else in Business
ISBN 978-986-320-381-0(平裝)

1.組織管理 2.企業管理 3.職場成功法

494.2 102028067

財經企管 518A

# 對手偷不走的優勢
## 冠軍團隊從未公開的常勝祕訣
## The Advantage: Why Organizational Health Trumps Everything Else In Business

作　者 — 藍奇歐尼（Patrick M. Lencioni）
譯　者 — 廖建容
總編輯 — 吳佩穎
研發總監暨責編 — 張奕芬
封面設計 — 張議文

出版者 — 遠見天下文化出版股份有限公司
創辦人 — 高希均、王力行
遠見・天下文化 事業群榮譽董事長 — 高希均
遠見・天下文化 事業群董事長 — 王力行
天下文化社長 — 林天來
國際事務開發部兼版權中心總監 — 潘欣
法律顧問 — 理律法律事務所陳長文律師
著作權顧問 — 魏啟翔律師
地址 — 台北市 104 松江路 93 巷 1 號 2 樓

讀者服務專線 — 02-2662-0012 ｜傳真 — 02-2662-0007, 02-2662-0009
電子郵件信箱 — cwpc@cwgv.com.tw
直接郵撥帳號 — 1326703-6 號　遠見天下文化出版股份有限公司

電腦排版 — 立全電腦印前排版有限公司
製版廠 — 東豪印刷事業有限公司
印刷廠 — 祥峰印刷事業有限公司
裝訂廠 — 中原造像股份有限公司
登記證 — 局版台業字第 2517 號
總經銷 — 大和書報圖書股份有限公司　電話／(02)8990-2588
出版日期／2014 年 1 月 23 日 第一版第 1 次印行
　　　　　2023 年 11 月 6 日 第二版第 7 次印行



定價 — 380 元
EAN: 4713510945346
英文版 ISBN：978-047-094-152-2
書號 — BCB518A
天下文化官網　bookzone.cwgv.com.tw